舒尔特专注力训练游戏 ①

数字游戏练习

初级

编著 王颖

民主与建设出版社
北京

© 民主与建设出版社，2022

图书在版编目(CIP)数据

舒尔特专注力训练游戏：全7册 / 王颖编著 .-- 北京：民主与建设出版社，2022.11
ISBN 978-7-5139-4028-3

Ⅰ.①舒… Ⅱ.①王… Ⅲ.①注意－能力培养－通俗读物 Ⅳ.①B842.3-49

中国版本图书馆CIP数据核字（2022）第216054号

舒尔特专注力训练游戏（全7册）
SHU'ERTE ZHUANZHULI XUNLIAN YOUXI QUAN7CE

编　　著	王　颖
责任编辑	刘树民
封面设计	关欣竹
出版发行	民主与建设出版社有限责任公司
电　　话	（010）59417747　59419778
社　　址	北京市海淀区西三环中路10号望海楼E座7层
邮　　编	100142
印　　刷	唐山才智印刷有限公司
版　　次	2022年11月第1版
印　　次	2022年12月第1次印刷
开　　本	787毫米×1092毫米　1/16
印　　张	25.75
字　　数	70千字
书　　号	ISBN 978-7-5139-4028-3
定　　价	168.00元

注：如有印、装质量问题，请与出版社联系。

舒尔特方格

舒尔特方格是世界公认的简单、有效、科学的注意力训练方法。设计之初是用来训练、考核飞行员的专注力。随着专注力的重要性被越来越多的人意识到，舒尔特方格也逐渐走进大众的视野。

早在19世纪，马克思根据自己的切身经历提出了"天才就是集中注意力"的著名论断，同时法国著名生物学家乔治·居维叶也说"天才，首先是注意力"。孩子学习路上最大的拦路虎就是专注力不够，上课集中注意力时间短、不能遵守课堂纪律、写作业速度慢等都是专注力差的表现。而专注力经过系统的培养和矫正是可以改善的，这也是舒尔特方格被大众认可的原因。

本系列图书在传统舒尔特数字方格的基础上融入字母、色彩、文字、图形等多个元素，根据难易程度设置层级。激发孩子兴趣的同时，让孩子通过科学系统的练习，循序渐进，完成专注力的提升。

舒尔特方格数字游戏练习方法：

例：按1-9或1-16的顺序，依次指出数字的位置，记录用时并与成绩参考表比对。

成绩参考表：

3×3 舒尔特数字游戏成绩参考				
等级	3-5岁	6-10岁	11-17岁	18岁+
优	9秒内	8秒内	6秒内	5秒内
良	10-12秒	9-10秒	7-9秒	6-8秒
中	13-15秒	11-14秒	10-11秒	9-10秒
及格	20秒内	15秒内	14秒内	12秒内

4×4 舒尔特数字游戏成绩参考				
等级	3-5岁	6-10岁	11-17岁	18岁+
优	16秒内	14秒内	12秒内	10秒内
良	17-20秒	15-18秒	13-17秒	11-15秒
中	21-25秒	19-23秒	18-22秒	16-17秒
及格	30秒内	25秒内	23秒内	18秒内

注意事项：

1. 眼睛距表30-35厘米，视点自然放在表的中心；
2. 在所有字符全部清晰入目的前提下进行；
3. 每看完一个表，眼睛稍作休息，或闭目，或做眼保健操，每天看5-8个表即可；
4. 此结果仅供参考。如果前期成绩不理想可以同自己上一次的成绩做比对，循序渐进。

时间 _____

7	2	4
3	8	5
1	9	6

时间 _____

5	4	3
7	6	2
1	9	8

时间 _____

2	8	6
3	7	1
5	4	9

时间 _____

8	7	2
6	5	1
4	9	3

时间 _____

5	6	8
3	1	7
4	2	9

时间 _____

6	8	9
4	3	7
5	2	1

时间 _____

1	2	9
4	8	3
7	6	5

时间 _____

4	2	8
9	5	3
6	7	1

时间 _____

4	3	8
2	5	1
6	9	7

时间 _____

7	8	1
4	2	9
5	6	3

时间 _____

1	3	8
5	7	9
6	4	2

时间 _____

3	7	9
5	8	2
6	1	4

时间 _____

5	8	4
1	9	7
3	2	6

时间 _____

1	7	9
5	3	6
2	8	4

时间 _____

1	9	5
6	2	8
4	3	7

时间 _____

8	6	2
5	4	1
3	7	9

时间 _____

9	8	6
1	2	4
5	7	3

时间 _____

4	1	5
3	9	7
8	2	6

时间 _____

6	9	3
2	7	8
5	4	1

时间 _____

8	7	1
2	3	9
4	6	5

时间 _____

9	6	5
4	2	8
1	7	3

时间 _____

5	4	9
7	8	2
1	3	6

时间 _____

6	4	1
8	9	7
3	5	2

时间 _____

1	4	7
6	5	2
9	8	3

时间 _____

4	7	1
2	9	5
8	3	6

时间 _____

6	7	3
2	8	5
4	9	1

时间 _____

1	3	8
5	7	9
6	4	2

时间 _____

1	9	8
4	6	5
2	3	7

时间 _____

5	13	11	10
15	6	14	12
8	9	3	2
7	16	4	1

时间 _____

13	14	8	1
12	11	9	7
2	15	4	6
10	16	3	5

时间 _____

13	8	10	7
6	9	1	5
12	16	15	2
14	3	4	11

时间 _____

1	15	6	12
4	9	8	10
11	2	13	16
14	3	7	5

时间 _____

11	15	8	9
5	2	4	7
10	16	3	13
1	6	14	12

时间 _____

11	16	14	15
1	10	9	7
3	8	12	4
13	2	6	5

时间 _____

9	10	4	5
2	11	15	1
7	6	3	14
13	8	12	16

时间 _____

7	11	13	15
4	9	5	16
1	2	10	14
6	3	8	12

时间 _____

4	9	6	3
12	15	10	2
11	1	16	5
14	13	7	8

时间 _____

14	13	11	4
15	2	5	7
9	16	1	3
8	12	6	10

时间 _____

12	6	7	1
14	8	9	13
4	3	5	16
15	10	11	2

时间 _____

13	5	11	4
1	3	16	12
15	7	2	14
10	6	9	8

时间 _____

12	16	11	8
5	15	1	13
14	2	10	6
4	7	3	9

时间 _____

11	6	9	2
8	14	1	13
10	5	3	12
16	4	15	7

时间 _____

16	7	14	5
3	12	9	2
10	1	13	6
11	4	8	15

时间 _____

1	16	2	8
15	6	11	5
13	10	12	14
7	9	4	3

时间 _____

16	13	9	8
1	6	4	2
12	15	3	10
11	14	7	5

时间 _____

9	7	1	8
3	6	11	10
5	16	13	2
4	12	15	14

时间 _____

10	6	7	9
13	3	15	5
12	16	14	8
4	1	11	2

时间 _____

5	9	2	12
6	1	13	16
14	10	8	11
3	15	7	4

时间 _____

9	6	7	10
3	2	15	16
14	1	4	5
13	12	11	8

时间 _____

3	2	7	12
13	14	11	5
15	10	6	8
9	4	16	1

时间 _____

8	10	6	5
4	11	9	14
15	13	2	3
12	16	7	1

时间 _____

7	9	11	8
10	6	13	2
14	12	16	4
3	1	15	5

时间 _____

8	1	10	14
5	6	11	15
4	2	7	13
9	12	3	16

时间 _____

8	9	7	6
10	12	1	14
5	15	13	3
4	11	16	2

时间 _____

9	13	7	1
12	3	2	6
11	5	8	4
10	16	14	15

时间 _____

6	3	12	16
1	10	14	13
2	15	5	4
7	8	9	11

时间 _____

7	13	3	2
15	6	5	8
1	14	10	11
4	12	9	16

时间 _____

4	3	9	8
14	16	11	2
6	12	13	1
10	15	5	7

时间 _____

7	1	15	10
2	6	11	14
9	13	16	8
5	4	3	12

时间 _____

13	2	5	1
11	4	10	9
6	3	16	8
7	14	15	12

时间 _____

16	9	1	8
15	5	7	2
11	14	4	6
10	13	12	3

时间 _____

14	11	1	5
15	3	6	13
2	16	12	9
4	10	7	8

时间 _____

2	13	4	16
15	10	12	8
9	5	3	1
6	14	11	7

时间 _____

2	8	15	14
7	12	13	5
3	9	6	11
16	1	10	4

时间 _____

11	6	12	15
5	8	13	1
16	7	3	4
10	14	9	2

时间 _____

14	16	6	5
3	11	2	4
12	7	15	10
13	8	9	1

时间 _____

3	2	14	15
10	5	4	16
9	1	12	6
7	13	8	11

时间 _____

3	7	9	4
1	8	2	6
15	12	14	16
5	13	10	11

时间 _____

4	10	2	8
14	9	5	12
13	15	3	7
16	11	6	1

时间 _____

9	3	11	16
2	1	12	10
4	6	7	5
14	8	15	13

时间 _____

8	14	16	9
15	11	7	1
5	4	10	6
13	3	2	12

时间 _____

4	7	12	8
14	2	9	1
3	11	15	16
5	6	10	13

时间 _____

3	9	2	10
1	12	11	14
13	8	15	6
4	16	7	5

时间 _____

9	12	14	8
1	6	4	2
11	13	10	3
5	15	7	16

时间 _____

6	14	16	4
13	3	5	8
11	2	12	15
9	1	7	10

时间 _____

5	4	15	12
13	2	3	8
7	16	1	14
10	6	11	9

第20页

时间 _____

16	8	10	2
13	14	6	15
9	7	3	4
11	12	5	1

时间 _____

11	3	16	4
10	5	9	13
6	2	7	15
12	14	8	1

时间 _____

11	12	8	2
7	10	6	4
9	16	1	3
5	15	13	14

时间 _____

9	8	6	2
3	16	5	10
4	7	15	11
12	1	14	13

时间 _____

3	13	14	4
10	11	2	8
12	7	15	6
1	9	16	5

时间 _____

7	14	15	9
12	10	6	4
13	16	8	3
2	1	5	11

时间 _____

14	12	1	10
15	2	8	9
16	4	13	3
6	5	11	7

时间 _____

8	5	10	14
15	13	7	11
6	4	16	12
1	2	9	3

时间 _____

10	15	13	6
7	9	12	1
16	11	14	4
8	5	2	3

时间 _____

3	4	15	5
16	9	11	14
13	12	2	10
7	1	6	8

时间 _____

14	5	11	15
10	2	12	7
16	9	4	3
1	6	13	8

时间 _____

11	8	12	7
14	15	16	6
2	5	4	3
13	9	1	10

时间 _____

14	9	10	13
7	12	15	2
1	6	8	3
11	16	4	5

时间 _____

3	13	9	10
14	6	7	8
16	4	2	5
1	12	15	11

时间 _____

2	10	7	1
16	14	9	8
12	4	11	3
13	5	15	6

时间 _____

9	5	8	6
13	2	3	12
7	15	1	14
4	10	11	16

时间 _____

6	5	10	3
14	15	8	16
13	7	11	2
4	1	9	12

时间 _____

11	12	13	15
6	1	5	8
2	16	14	10
9	4	3	7

时间 _____

13	3	1	16
14	2	8	6
7	5	9	4
11	10	15	12

时间 _____

5	15	9	14
8	2	3	10
4	1	11	16
13	7	6	12

时间 _____

10	8	6	14
15	2	1	13
4	16	7	5
3	11	12	9

时间 _____

15	5	8	11
16	2	1	12
10	14	6	7
4	9	13	3

时间 _____

3	8	16	15
4	12	6	14
13	7	1	11
5	2	10	9

时间 _____

8	12	14	1
9	7	5	15
16	13	10	3
4	11	6	2

时间 _____

12	6	7	1
11	13	9	4
14	8	2	15
3	5	16	10

时间 _____

10	12	5	8
9	15	13	16
3	11	7	14
6	2	1	4

时间 _____

4	5	10	6
8	15	9	16
3	1	14	7
13	11	12	2

时间 _____

6	8	2	15
9	12	14	11
7	4	16	5
10	3	1	13

时间 _____

3	5	16	10
11	15	12	9
6	2	13	8
14	1	7	4

时间 _____

12	11	13	7
2	8	5	14
1	16	15	3
6	4	10	9

时间 _____

4	2	14	9
15	3	16	10
11	8	6	7
12	13	5	1

时间 _____

12	6	15	11
10	14	4	1
9	5	16	8
13	2	7	3

时间 _____

4	9	5	12
3	16	1	7
15	13	8	2
14	10	6	11

时间 _____

1	12	2	3
15	9	5	16
11	4	14	10
7	6	13	8

时间 _____

12	16	9	13
11	6	1	10
8	7	3	5
4	2	15	14

时间 _____

15	4	14	3
2	5	13	11
7	1	9	6
12	10	8	16

时间 _____

3	12	5	14
10	15	11	1
13	6	8	4
2	7	16	9

时间 _____

13	16	8	15
11	12	14	5
3	1	2	4
6	7	9	10

时间 _____

5	6	12	15
3	16	4	7
8	2	9	13
11	10	1	14

时间 _____

13	2	9	6
11	14	3	12
16	15	4	1
8	10	5	7

时间 _____

16	6	12	4
8	15	3	13
9	5	10	1
11	2	7	14

时间 _____

3	8	14	1
11	2	12	4
5	16	6	15
7	13	9	10

时间 _____

3	2	7	1
10	11	9	4
14	5	8	12
6	13	15	16

时间 _____

4	3	6	15
12	16	14	1
7	5	13	10
8	11	2	9

时间 _____

5	14	8	10
11	2	15	1
16	9	12	13
6	7	4	3

时间 _____

6	16	12	5
10	13	4	7
9	1	8	11
3	2	15	14

时间 _____

2	5	8	9
7	16	14	15
12	3	1	4
13	10	11	6

时间 _____

6	15	16	1
11	8	12	2
5	14	10	4
3	7	9	13

时间 _____

13	5	15	11
2	12	7	1
14	10	8	9
6	16	3	4

时间 _____

9	12	5	4
7	15	2	16
11	1	3	6
13	8	10	14

时间 _____

10	6	16	8
1	5	13	15
12	9	11	7
14	3	2	4

时间 _____

3	7	9	4
13	12	8	2
15	14	10	6
11	1	5	16

时间 _____

10	3	4	8
13	16	9	5
12	6	14	1
2	7	11	15

时间 _____

2	15	3	8
12	6	11	5
14	7	16	4
9	1	10	13

时间 _____

9	15	4	11
1	2	12	16
7	3	10	8
5	14	6	13

时间 _____

8	7	11	6
13	15	3	12
4	16	9	14
10	5	1	2

时间 _____

10	15	1	14
6	12	7	16
13	8	9	4
3	11	2	5

时间 _____

7	8	10	5
16	4	1	11
14	6	9	13
2	3	15	12

时间 _____

3	15	5	12
2	14	11	1
16	10	8	9
13	7	4	6

时间 _____

3	14	4	7
15	10	5	6
1	9	11	8
13	16	2	12

时间 _____

5	15	1	2
3	7	11	8
6	9	16	4
12	10	13	14

时间 _____

13	1	16	9
3	6	2	12
8	4	5	14
10	7	15	11

时间 _____

4	10	1	14
2	11	3	16
12	13	5	6
7	15	8	9

时间 _____

5	15	10	14
6	4	11	1
8	16	7	2
12	13	3	9

时间 _____

13	12	8	7
5	2	4	11
6	1	14	15
10	16	3	9

时间 _____

1	12	15	16
14	5	11	8
7	9	13	2
10	4	3	6

时间 _____

10	2	13	15
7	12	4	6
1	11	14	3
8	5	9	16

时间 _____

7	16	8	11
9	15	3	5
6	1	12	2
10	13	14	4

时间 _____

6	15	9	2
1	4	11	16
13	10	3	12
7	14	5	8

时间 _____

10	3	14	8
7	16	11	1
12	5	15	9
13	2	6	4

时间 _____

14	6	5	15
7	12	11	8
1	16	13	3
4	10	9	2

时间 _____

12	9	1	16
15	11	13	6
14	4	7	5
3	10	2	8

时间 _____

13	1	2	8
14	4	5	6
11	3	7	15
10	9	12	16

时间 _____

7	16	13	11
5	10	2	15
14	4	3	1
8	6	12	9

时间 _____

2	1	12	5
14	6	13	15
11	7	8	9
10	4	3	16

时间 _____

2	14	16	9
12	15	8	7
6	3	1	11
4	10	5	13

时间 _____

6	4	16	10
5	2	13	1
9	3	8	12
11	15	14	7

时间 _____

1	16	14	10
15	9	12	7
4	2	3	6
11	13	8	5

时间 _____

15	13	9	2
10	16	4	12
6	5	7	14
3	1	11	8

时间 _____

3	6	7	13
1	8	14	16
5	12	4	2
10	11	9	15

时间 _____

11	9	16	7
6	12	8	2
15	14	1	4
3	10	13	5

时间 _____

11	14	15	10
5	9	13	1
12	4	16	2
3	6	8	7

时间 _____

13	14	1	3
16	9	2	8
6	15	12	5
4	7	10	11

时间 _____

10	16	12	9
3	1	6	13
7	4	5	8
11	2	14	15

时间 _____

14	12	4	11
3	8	1	16
5	2	13	10
9	15	7	6

时间 _____

11	13	3	8
5	2	9	6
16	14	10	15
12	7	1	4

时间 _____

3	7	6	16
15	5	14	13
12	2	9	8
11	10	1	4

时间 _____

5	10	7	11
2	9	13	6
3	8	4	16
1	15	14	12

时间 _____

6	4	7	12
14	5	9	10
15	1	8	3
11	2	13	16

时间 _____

4	1	15	11
5	14	13	12
9	10	3	7
2	6	8	16

时间 _____

14	6	5	13
10	12	9	8
16	4	3	1
11	2	15	7

时间 _____

6	14	12	13
16	3	15	5
1	2	4	8
7	9	11	10

时间 _____

3	14	16	6
13	1	9	8
5	4	10	2
11	7	12	15

时间 _____

1	9	3	2
6	12	11	5
10	14	8	7
16	15	13	4

时间 _____

2	8	14	1
5	13	9	15
10	11	12	7
3	4	6	16

时间 _____

5	11	1	12
4	8	13	16
7	6	3	2
14	9	15	10

时间 _____

15	14	1	2
16	3	12	6
10	5	7	11
9	4	8	13

时间 _____

14	16	3	1
12	7	5	13
15	6	2	9
11	8	4	10

时间 _____

14	3	15	10
13	12	4	5
7	11	6	9
16	1	8	2

时间 _____

15	5	14	9
10	4	1	8
16	7	11	6
3	12	2	13

时间 _____

8	2	5	10
15	4	12	1
9	13	7	11
3	16	14	6

时间 _____

8	12	10	5
7	14	2	15
1	3	9	11
16	6	13	4

时间 _____

6	1	11	8
15	12	5	14
16	4	7	2
9	13	3	10

时间 _____

11	8	1	13
2	6	12	14
9	5	7	16
10	4	15	3

时间 _____

7	13	8	12
6	15	10	16
2	4	5	1
14	9	3	11

时间 _____

12	10	15	4
9	8	1	16
3	14	13	7
5	2	11	6

时间 _____

12	13	1	15
14	2	7	11
10	9	3	8
6	16	5	4

时间 _____

2	4	9	11
3	16	5	8
1	14	12	6
7	13	10	15

时间 _____

3	11	7	14
6	2	1	4
10	12	5	8
9	15	13	16

时间 _____

11	13	9	4
12	6	7	1
3	5	16	10
14	8	2	15

时间 _____

2	9	13	1
11	4	7	14
16	6	5	12
15	10	3	8

时间 _____

4	11	9	2
7	16	13	3
10	6	1	15
12	8	5	14

时间 _____

1	16	15	3
6	4	10	9
12	11	13	7
2	5	8	14

时间 _____

11	15	12	9
3	5	16	10
14	1	7	4
6	2	13	8

时间 _____

10	3	1	13
7	4	16	5
6	8	2	15
9	12	14	11

时间 _____

3	1	14	7
13	11	12	2
4	5	10	6
8	15	9	16

时间 _____

13	16	8	3
2	1	5	11
7	14	15	9
12	10	6	4

时间 _____

12	7	15	6
2	9	16	5
3	13	14	4
10	11	1	8

时间 _____

4	7	15	11
9	8	6	2
12	1	14	13
3	16	5	10

时间 _____

9	16	1	3
5	15	13	14
11	12	8	2
7	10	6	4

时间 _____

1	2	9	3
6	4	16	12
15	13	7	11
8	5	10	14

时间 _____

6	5	11	7
14	12	2	10
15	1	8	9
16	4	13	3

时间 _____

11	2	12	15
9	1	7	10
6	14	16	4
13	3	5	8

时间 _____

7	16	1	14
5	4	15	12
13	3	2	8
10	6	11	9

时间 _____

5	15	7	16
11	13	10	3
1	6	4	2
9	12	14	8

时间 _____

4	16	7	5
13	8	15	6
1	12	11	14
3	9	2	10

时间 _____

6	2	7	15
11	3	16	4
12	14	8	1
10	5	9	13

时间 _____

13	14	6	15
16	8	10	2
11	12	5	1
9	7	3	4

时间 _____

12	13	3	9
6	4	11	1
5	15	10	14
8	16	7	2

时间 _____

2	11	3	16
12	13	5	6
7	15	8	9
4	10	1	14

时间 _____

15	10	5	6
3	14	4	7
13	16	2	12
1	9	11	8

时间 _____

16	10	8	9
13	7	4	6
3	15	5	12
2	14	11	1

时间 _____

16	4	1	11
14	6	9	13
7	8	10	5
2	3	15	12

时间 _____

13	8	9	4
3	11	2	5
10	16	1	14
6	12	7	15

时间 _____

13	6	8	4
10	15	11	1
3	12	5	14
2	7	16	9

时间 _____

6	13	15	16
14	5	8	12
10	11	9	4
3	2	7	1

时间 _____

4	3	6	15
8	11	2	9
7	5	13	10
12	16	14	1

时间 _____

11	2	7	14
9	5	10	1
8	15	3	13
16	6	12	4

时间 _____

7	13	9	10
5	16	6	15
11	2	12	4
3	8	14	1

时间 _____

6	7	9	10
3	1	2	4
11	12	14	5
13	16	8	15

时间 _____

14	7	16	4
12	6	11	5
9	1	10	13
2	15	3	8

时间 _____

13	16	9	5
2	7	11	15
10	3	4	8
12	6	14	1

时间 _____

11	8	12	2
6	15	16	1
3	7	9	13
5	14	10	4

时间 _____

12	3	1	4
13	10	11	6
2	5	8	9
7	16	14	15

时间 _____

13	2	7	3
12	6	15	11
10	14	4	1
9	5	16	8

时间 _____

12	13	5	1
11	8	6	7
4	2	14	9
15	3	16	10

时间 _____

9	7	5	15
8	12	14	1
16	13	10	3
4	11	6	2

时间 _____

4	12	6	14
3	8	16	15
13	7	1	11
5	2	10	9

时间 _____

16	2	1	12
15	5	8	11
10	14	6	7
4	9	13	3

时间 _____

3	11	12	9
15	2	1	13
4	16	7	5
10	8	6	14

时间 _____

3	2	15	14
10	13	4	7
6	16	12	5
9	1	8	11

时间 _____

11	2	15	1
5	14	8	10
6	7	4	3
16	9	12	13

时间 _____

1	7	9	3
6	4	16	11
15	13	2	12
8	5	10	14

时间 _____

6	5	13	2
14	12	7	10
15	1	8	9
16	4	11	3

时间 _____

10	2	12	15
9	1	7	11
6	16	14	4
13	3	5	8

时间 _____

2	16	1	14
5	4	15	12
13	3	7	8
10	6	11	9

第59页

时间 _____

5	15	7	11
16	10	13	3
1	6	4	2
9	12	14	8

时间 _____

4	15	7	5
13	8	16	6
1	12	11	14
3	9	2	10

时间 _____

6	2	7	15
12	3	16	1
11	14	8	4
10	5	9	13

时间 _____

13	14	6	15
16	8	10	2
11	12	5	4
9	7	3	1

时间 _____

12	16	3	1
6	4	11	9
5	15	10	14
8	13	7	2

时间 _____

2	14	3	16
12	13	5	9
7	15	8	6
4	10	1	11

时间 _____

15	10	5	7
3	12	4	6
13	16	2	14
1	9	11	8

时间 _____

16	12	8	9
13	7	4	6
3	15	5	10
2	11	14	1

时间 _____

16	4	1	11
14	6	9	13
7	8	10	5
2	3	15	12

时间 _____

13	8	9	4
3	11	2	5
10	16	1	14
6	12	7	15

时间 _____

13	6	8	1
10	15	11	4
3	14	5	12
2	7	16	9

时间 _____

6	13	15	16
14	5	8	12
10	11	9	4
3	2	1	7

第62页

舒尔特专注力训练游戏 ②

数字游戏练习

中级

编著 王颖

民主与建设出版社
北京

© 民主与建设出版社，2022

图书在版编目(CIP)数据

舒尔特专注力训练游戏：全7册 / 王颖编著 .--北京：民主与建设出版社，2022.11
ISBN 978-7-5139-4028-3

Ⅰ.①舒… Ⅱ.①王… Ⅲ.①注意－能力培养－通俗读物 Ⅳ.①B842.3-49

中国版本图书馆 CIP 数据核字（2022）第216054号

舒尔特专注力训练游戏（全7册）
SHU'ERTE ZHUANZHULI XUNLIAN YOUXI QUAN7CE

编　　著	王　颖
责任编辑	刘树民
封面设计	关欣竹
出版发行	民主与建设出版社有限责任公司
电　　话	（010）59417747　59419778
社　　址	北京市海淀区西三环中路10号望海楼E座7层
邮　　编	100142
印　　刷	唐山才智印刷有限公司
版　　次	2022 年11月第1版
印　　次	2022 年12月第1次印刷
开　　本	787 毫米×1092毫米　　1/16
印　　张	25.75
字　　数	70千字
书　　号	ISBN 978-7-5139-4028-3
定　　价	168.00 元

注：如有印、装质量问题，请与出版社联系。

舒尔特方格

舒尔特方格是世界公认的简单、有效、科学的注意力训练方法。设计之初是用来训练、考核飞行员的专注力。随着专注力的重要性被越来越多的人意识到，舒尔特方格也逐渐走进大众的视野。

早在19世纪，马克思根据自己的切身经历提出了"天才就是集中注意力"的著名论断，同时法国著名生物学家乔治·居维叶也说"天才，首先是注意力"。孩子学习路上最大的拦路虎就是专注力不够，上课集中注意力时间短、不能遵守课堂纪律、写作业速度慢等都是专注力差的表现。而专注力经过系统的培养和矫正是可以改善的，这也是舒尔特方格被大众认可的原因。

本系列图书在传统舒尔特数字方格的基础上融入字母、色彩、文字、图形等多个元素，根据难易程度设置层级。激发孩子兴趣的同时，让孩子通过科学系统的练习，循序渐进，完成专注力的提升。

舒尔特方格数字游戏练习方法：

例：按1-9或1-16的顺序，依次指出数字的位置，记录用时并与成绩参考表比对。

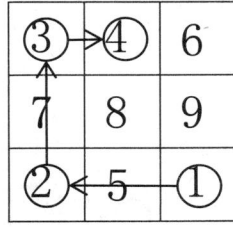

成绩参考表：

5×5 舒尔特数字游戏成绩参考				
等级	3-5岁	6-10岁	11-17岁	18岁+
优	35秒内	28秒内	25秒内	20秒内
良	36-45秒	29-34秒	26-29秒	21-25秒
中	46-52秒	35-40秒	30-32秒	26-28秒
及格	58秒内	45秒内	35秒内	30秒内

注意事项：

1. 眼睛距表30-35厘米，视点自然放在表的中心；

2. 在所有字符全部清晰入目的前提下进行；

3. 每看完一个表，眼睛稍作休息，或闭目，或做眼保健操，每天看5-8个表即可；

4. 此结果仅供参考。如果前期成绩不理想可以同自己上一次的成绩做比对，循序渐进。

时间 _____

25	16	13	3	24
15	11	4	9	20
2	19	14	22	6
17	1	23	12	18
10	21	5	7	8

时间 _____

22	7	19	25	8
2	6	5	15	17
9	23	4	1	21
3	20	11	24	16
14	18	10	12	13

时间 _____

9	20	4	11	16
22	6	14	19	2
12	18	23	1	17
7	8	5	21	10
15	25	3	24	13

时间 _____

18	22	12	13	19
17	16	24	2	9
25	1	4	3	21
10	8	15	7	5
14	11	6	20	23

时间 _____

10	17	5	12	3
18	7	21	11	22
25	6	23	16	1
9	8	13	15	19
14	24	20	2	4

时间 _____

6	9	4	20	5
24	25	10	11	16
22	19	18	7	21
12	17	15	3	23
1	13	14	2	8

时间 _____

11	16	10	25	24
7	21	18	19	22
3	23	15	17	12
2	8	14	13	1
9	6	20	5	4

时间 _____

21	18	11	7	3
23	25	16	6	22
13	9	15	8	1
20	14	2	24	19
10	5	17	12	4

时间 _____

21	5	8	10	7
24	3	25	13	16
20	9	15	4	11
6	22	2	14	19
18	12	17	23	1

时间 _____

4	24	17	7	9
6	14	11	23	18
22	16	2	8	21
3	20	1	25	15
5	19	10	12	13

时间 _____

5	17	2	6	25
4	9	21	23	15
11	3	16	20	1
10	14	13	18	24
8	19	7	22	12

时间 _____

16	2	8	21	4
12	25	13	1	6
5	20	15	19	22
17	7	9	24	10
11	23	18	14	3

时间 _____

25	13	1	12	14
20	15	19	3	16
7	9	24	22	10
23	18	4	11	5
8	21	6	2	17

时间 _____

21	4	23	9	25
16	11	20	3	15
13	10	18	14	1
7	8	22	19	24
5	17	2	6	12

时间 _____

21	5	11	10	12
23	19	18	17	14
16	13	3	25	1
20	15	22	8	4
24	2	6	7	9

时间 _____

2	13	25	16	6
22	11	24	23	20
10	5	17	9	1
7	21	15	19	4
12	3	18	8	14

时间 _____

18	15	4	2	16
19	22	7	3	11
1	21	24	5	12
23	17	20	8	25
10	6	13	9	14

时间 _____

17	15	1	2	16
8	6	14	19	13
24	25	11	12	4
3	18	10	7	23
5	22	20	9	21

时间 _____

21	24	5	12	18
17	20	8	25	19
6	13	9	14	1
4	2	16	15	23
7	3	11	22	10

时间 _____

14	8	13	16	1
11	24	4	25	19
10	3	23	15	12
20	2	21	22	7
6	18	5	17	9

时间 _____

20	8	25	17	22
13	9	14	6	10
2	16	15	4	23
3	11	18	7	1
5	12	21	24	19

时间 _____

14	22	5	25	21
6	10	16	15	8
12	23	9	24	7
19	1	20	11	2
13	17	3	18	4

时间 _____

4	11	25	24	1
23	10	15	3	9
21	20	22	2	12
5	6	17	18	7
14	13	8	16	19

时间 _____

15	8	16	10	6
24	7	9	23	12
11	2	20	1	19
18	4	3	17	13
22	14	25	21	5

时间 _____

22	1	3	6	8
2	18	21	13	24
20	14	10	25	15
9	16	12	23	17
19	5	7	11	4

时间 _____

10	13	19	15	20
14	7	3	22	4
16	2	12	5	17
24	18	21	6	1
8	23	11	9	25

时间 _____

14	13	25	15	22
16	12	23	17	2
5	7	11	4	20
3	6	8	1	9
21	10	24	18	19

时间 _____

12	23	17	20	18
7	11	4	22	19
6	8	1	3	16
13	24	9	21	5
25	15	14	10	2

时间 _____

3	14	4	7	15
12	16	17	2	22
21	24	1	18	5
11	8	25	23	6
20	19	13	10	9

时间 _____

18	21	15	7	4
3	20	14	19	2
23	25	6	24	10
12	5	22	13	11
17	8	16	9	1

时间 _____

17	12	2	16	15
1	21	18	24	22
25	11	23	8	5
13	20	10	19	6
3	4	14	7	9

时间 _____

19	2	14	20	3
24	10	6	25	23
13	11	22	5	12
9	1	16	8	17
21	18	7	4	15

时间 _____

11	6	9	22	12
1	21	7	18	2
13	8	5	20	23
4	15	24	3	25
14	19	10	17	16

时间 _____

4	1	7	9	24
13	16	22	25	12
20	21	2	10	23
6	8	19	17	11
5	14	15	3	18

时间 _____

6	20	8	17	12
3	13	15	4	2
21	11	7	25	18
5	19	23	14	16
9	1	10	24	22

时间 _____

11	7	25	18	6
19	23	16	14	3
1	10	24	22	21
8	17	12	20	5
15	4	2	13	9

时间 _____

8	16	1	17	9
4	7	18	15	21
2	19	3	14	20
10	24	23	6	25
11	13	12	22	5

时间 _____

22	12	25	16	13
2	23	10	21	20
19	11	17	8	6
15	18	3	14	5
9	4	1	24	7

时间 _____

23	16	14	9	6
10	24	22	3	21
17	12	20	8	19
4	2	13	15	1
25	18	11	7	5

时间 _____

23	5	8	13	21
25	24	15	4	18
16	10	19	14	20
6	12	11	9	3
7	2	1	22	17

时间 _____

7	1	2	22	21
5	13	23	8	18
24	4	25	15	20
10	14	16	19	3
12	9	6	11	17

时间 _____

4	1	7	9	24
13	16	22	25	12
20	21	2	10	23
6	8	19	17	11
5	14	15	3	18

时间 _____

21	20	10	23	2
8	6	17	11	19
14	5	3	18	15
24	7	1	4	9
12	22	16	13	25

时间 _____

22	12	25	16	13
2	23	10	21	20
19	11	17	8	6
15	18	3	14	5
9	4	1	24	7

时间 _____

16	4	23	2	8
7	13	6	19	18
9	24	1	15	17
10	3	22	12	5
20	25	21	14	11

时间 _____

23	18	6	24	21
7	17	3	19	12
8	1	2	13	16
15	20	10	9	11
4	22	14	5	25

时间 _____

24	1	15	17	16
3	22	12	5	7
25	21	14	11	9
23	2	8	4	10
6	19	18	13	20

时间 _____

22	12	5	8	13
21	14	11	25	15
2	7	4	20	3
19	18	9	6	10
16	17	24	1	23

时间 _____

8	18	12	16	3
9	4	13	20	5
1	22	14	21	23
6	19	24	15	17
11	2	7	25	10

时间 _____

13	5	20	4	9
14	23	21	22	1
25	17	15	19	6
24	2	11	7	10
16	8	18	3	12

时间 _____

19	15	17	25	3
21	18	2	12	22
14	4	6	24	7
5	10	16	9	20
13	23	11	1	8

时间 _____

4	6	24	7	19
10	16	9	20	21
23	11	1	8	14
17	25	3	15	5
2	12	22	18	13

时间 _____

4	14	22	5	21
18	24	23	6	12
17	19	7	3	16
1	13	8	2	11
20	9	15	10	25

时间 _____

10	15	9	21	20
14	5	4	12	22
24	6	18	16	23
19	3	17	11	7
13	2	1	25	8

时间 _____

16	9	20	10	18
11	1	8	13	5
25	3	15	17	21
12	22	19	2	23
24	7	4	6	14

时间 _____

22	1	21	23	14
19	3	15	17	25
7	10	11	2	24
6	12	18	8	16
5	13	4	9	20

时间 _____

9	7	25	21	8
19	4	1	2	15
5	18	13	22	14
6	11	17	20	12
10	24	16	3	23

时间 _____

17	8	22	1	18
19	12	2	24	4
9	13	20	23	21
6	16	14	3	15
5	10	11	25	7

时间 _____

18	13	22	14	9
11	17	20	12	19
24	16	3	23	5
25	21	8	7	6
1	2	15	4	10

时间 _____

2	4	24	12	19
20	21	23	13	9
14	15	3	16	6
11	7	25	10	5
1	17	8	18	22

时间 _____

8	24	21	7	23
25	16	9	12	22
3	17	6	4	2
14	11	1	15	20
19	18	10	5	13

时间 _____

5	10	18	23	19
24	7	8	22	21
16	12	25	2	9
17	4	3	20	6
11	15	14	13	1

时间 _____

13	9	23	21	20
16	6	3	15	14
10	5	25	7	11
18	22	8	17	1
4	2	12	19	24

时间 _____

9	25	12	16	23
6	3	4	17	22
1	14	15	11	2
10	19	5	18	20
8	21	24	7	13

时间 _____

17	19	4	7	13
2	18	21	5	16
23	20	14	25	24
11	1	22	10	12
15	6	3	9	8

时间 _____

21	2	16	18	7
14	23	24	20	5
22	11	12	1	25
3	15	8	6	10
13	4	19	17	9

时间 _____

19	25	11	20	6
22	10	2	24	9
15	4	8	18	12
17	16	7	14	3
5	23	21	13	1

时间 _____

25	7	11	13	14
20	16	18	23	19
17	15	10	5	24
21	3	9	12	8
22	6	1	2	4

时间 _____

24	14	20	23	7
12	22	1	11	5
8	3	6	15	25
19	13	17	4	10
21	16	2	18	9

时间 _____

17	20	12	11	5
16	3	23	24	9
21	8	7	25	6
2	15	4	1	10
22	14	18	19	13

时间 _____

6	22	4	1	2
14	13	11	25	7
19	23	18	20	16
24	5	10	17	15
8	12	9	21	3

时间 _____

12	9	3	8	21
2	1	6	4	22
7	25	14	11	13
16	20	19	18	23
15	17	24	10	5

时间 _____

4	8	18	12	19
16	7	14	3	22
23	21	13	1	15
11	20	6	25	17
2	24	9	10	5

时间 _____

7	14	3	17	10
21	13	1	23	4
20	6	25	11	16
24	9	22	2	19
18	12	5	8	15

时间 _____

21	14	10	6	5
12	18	25	3	19
8	22	20	16	1
17	4	13	11	15
7	9	23	2	24

时间 _____

9	7	24	23	2
5	6	10	21	14
19	3	25	12	18
1	16	20	8	22
15	11	13	17	4

时间 _____

14	12	2	24	9
16	10	21	5	22
4	18	15	23	13
11	1	6	7	17
19	8	20	3	25

时间 _____

19	20	8	3	9
12	24	14	2	22
10	5	16	21	13
18	23	4	15	17
1	7	11	6	25

时间 _____

11	13	4	15	17
2	23	9	24	7
14	21	5	10	6
18	12	19	25	3
22	8	1	20	16

时间 _____

6	11	7	9	1
20	3	19	22	8
24	2	12	13	14
5	21	10	17	16
23	15	18	25	4

时间 _____

23	2	19	4	24
10	12	17	16	11
21	20	14	1	6
18	13	9	3	5
8	25	15	22	7

时间 _____

20	14	1	6	23
13	9	3	5	10
25	15	22	7	21
19	4	24	2	18
17	16	11	12	8

时间 _____

10	23	2	5	12
1	15	25	14	6
21	11	8	7	20
16	17	13	24	19
9	4	18	3	22

时间 _____

4	18	22	9	3
12	5	10	2	23
6	14	1	25	15
20	7	21	8	11
19	24	16	13	17

时间 _____

9	3	5	21	10
15	22	7	25	18
4	24	2	19	13
16	12	11	17	23
1	6	20	14	8

时间 _____

8	13	24	15	21
9	25	11	23	10
12	19	14	2	1
3	7	20	22	17
6	16	4	18	5

时间 _____

20	3	22	21	7
4	18	6	10	16
15	24	13	1	8
23	11	25	17	9
2	14	19	5	12

时间 _____

6	4	16	18	21
13	15	8	24	10
25	23	9	11	1
19	2	12	14	17
7	22	3	20	5

时间 _____

12	20	24	22	18
6	21	17	15	14
8	5	3	11	10
9	2	25	4	16
23	7	13	19	1

时间 _____

9	22	8	21	13
4	2	3	20	25
18	1	11	16	23
15	12	10	7	5
19	17	14	6	24

时间 _____

5	3	11	10	12
2	25	4	16	6
7	13	19	1	8
24	22	18	20	9
17	15	14	21	23

时间 _____

25	4	16	2	12
13	19	1	7	9
22	18	20	24	3
15	14	21	17	6
11	10	5	8	23

时间 _____

19	14	17	6	13
22	21	9	8	25
2	20	4	3	23
1	16	18	11	5
12	7	15	10	24

时间 _____

14	6	25	15	1
7	20	8	11	21
24	19	13	17	16
3	22	18	4	9
23	10	5	12	2

时间 _____

10	15	7	13	12
14	5	19	25	17
21	8	22	23	9
20	3	2	6	4
16	11	1	24	18

时间 _____

13	25	6	12	3
24	21	22	15	1
5	16	18	11	23
7	14	19	20	8
2	4	9	10	17

时间 _____

11	23	19	4	2
21	16	18	8	13
5	22	6	14	9
10	7	17	25	12
1	3	15	24	20

时间 _____

24	15	3	2	1
23	4	11	13	19
16	8	21	9	18
22	14	5	12	6
7	25	10	20	17

时间 _____

18	21	8	16	2
6	5	14	22	13
17	10	25	7	9
15	1	24	3	12
11	19	23	4	20

时间 _____

11	13	2	3	5
20	15	19	4	9
23	1	16	8	24
17	25	22	12	18
10	14	7	21	6

时间 _____

22	1	15	21	24
18	23	11	16	5
19	8	20	14	7
9	17	10	4	2
12	13	25	3	6

时间 _____

16	5	11	23	18
14	7	20	8	19
4	2	10	17	9
3	6	25	13	12
1	22	21	24	15

时间 _____

15	19	4	20	9
1	16	8	23	11
25	22	12	6	18
14	7	21	10	5
2	3	24	13	17

时间 _____

5	12	17	25	22
9	21	10	14	7
24	11	13	2	3
18	20	15	19	4
6	23	1	16	8

时间 _____

3	23	1	13	20
15	6	24	11	7
5	14	2	19	10
21	25	4	22	9
12	17	16	8	18

时间 _____

24	7	11	6	15
2	10	19	14	5
4	9	22	25	21
16	18	8	17	12
13	3	23	20	1

时间 _____

14	5	19	10	2
25	21	22	9	4
17	12	8	18	16
20	1	23	3	13
7	24	6	15	11

时间 _____

15	25	16	9	19
20	22	12	4	6
8	5	18	11	1
10	7	3	21	14
23	13	17	24	2

时间 _____

5	18	11	1	15
7	3	21	14	20
13	17	24	2	8
16	9	19	25	10
12	4	6	22	23

时间 _____

24	10	13	21	8
20	23	7	11	5
17	18	19	12	25
2	22	14	1	15
6	16	4	3	9

时间 _____

3	21	14	10	20
17	24	2	8	15
9	19	25	16	7
4	6	22	12	13
11	1	5	18	23

时间 _____

7	20	5	23	21
19	17	25	18	11
14	2	15	22	12
4	6	9	16	1
8	13	10	24	3

时间 _____

18	2	7	16	4
22	11	17	19	5
1	6	9	23	13
10	25	3	21	8
24	15	12	20	14

时间 _____

10	13	5	12	24
25	23	3	22	18
21	17	19	20	8
16	11	14	2	1
7	6	15	9	4

时间 _____

6	9	23	13	18
25	3	22	8	21
15	12	20	14	1
7	16	4	2	10
17	19	5	11	24

时间 _____

22	18	3	23	25
20	8	19	17	21
2	1	14	11	16
9	4	15	6	7
13	10	12	24	5

时间 _____

6	15	4	7	9
24	12	10	5	13
18	22	25	3	23
8	20	21	19	17
1	2	16	14	11

时间 _____

16	9	24	20	22
17	15	13	21	14
25	6	2	5	18
11	23	3	7	19
4	8	1	12	10

时间 _____

3	22	8	25	11
12	20	14	16	1
21	4	2	24	13
19	5	10	17	15
23	18	6	9	7

时间 _____

13	17	21	15	22
2	25	5	6	14
3	11	7	23	18
1	4	12	8	19
16	24	9	20	10

时间 _____

17	12	10	1	9
16	20	15	18	19
23	22	21	13	4
14	25	5	24	11
8	6	2	3	7

时间 _____

22	11	21	7	16
12	8	25	5	24
20	14	13	15	1
18	9	2	10	3
23	17	6	19	4

时间 _____

22	21	13	4	17
25	5	24	11	16
8	2	3	7	23
10	1	9	12	14
15	18	19	20	6

时间 _____

5	24	11	14	23
2	3	7	6	22
1	9	12	17	25
18	19	20	15	8
13	4	16	21	10

时间 _____

12	1	8	22	4
9	20	16	14	24
15	21	17	18	13
6	5	25	19	2
23	7	11	10	3

时间 _____

25	24	5	8	12
13	1	15	14	20
2	3	10	9	18
6	4	19	17	23
7	22	11	16	21

时间 _____

12	22	23	8	11
16	13	1	10	20
25	14	3	2	18
4	7	15	21	6
9	19	17	5	24

时间 _____

14	20	15	1	13
9	18	10	3	2
17	23	19	4	6
16	21	11	22	7
24	25	8	12	5

时间 _____

18	3	14	25	8
6	15	7	4	10
24	17	19	9	2
12	11	13	23	21
1	20	16	22	5

时间 _____

1	16	20	13	8
3	25	18	14	10
15	4	6	7	2
17	9	24	19	21
11	23	22	12	5

时间 _____

14	7	12	15	18
5	21	9	16	3
17	25	1	19	11
13	22	23	6	8
24	20	2	10	4

时间 _____

25	1	19	11	14
22	23	6	8	5
20	2	10	4	17
12	15	18	7	13
9	16	3	21	24

时间 _____

18	23	21	13	3
19	12	6	20	17
2	9	8	24	25
7	14	1	22	4
11	15	5	10	16

时间 _____

23	6	8	22	21
2	10	4	20	25
15	18	7	12	5
16	3	14	9	24
19	11	17	1	13

时间 _____

6	17	12	20	19
8	25	24	9	2
1	4	22	14	7
5	16	10	11	15
13	18	23	3	21

时间 _____

9	2	24	25	8
14	7	22	4	1
15	11	10	16	5
3	21	23	18	13
17	6	12	19	20

时间 _____

2	9	1	8	25
4	6	24	23	11
12	3	18	5	20
21	16	19	22	10
13	14	7	17	15

时间 _____

11	8	24	17	23
6	2	12	21	13
22	15	20	14	3
9	1	25	18	7
10	16	19	4	5

时间 _____

16	19	5	10	4
23	17	11	24	8
13	21	6	12	2
3	14	22	20	15
7	18	9	25	1

时间 _____

11	8	24	17	23
6	2	12	21	13
22	15	20	14	3
9	1	25	18	7
10	16	19	4	5

时间 _____

21	13	12	2	6
14	3	20	15	22
18	7	25	1	9
4	5	19	16	10
8	11	17	23	24

时间 _____

7	22	2	25	18
5	6	24	9	15
4	13	20	12	8
11	23	3	16	14
10	1	17	19	21

时间 _____

8	20	13	4	25
14	3	23	11	9
21	17	1	10	12
22	18	7	2	16
24	15	5	6	19

时间 _____

24	5	15	6	25
20	4	8	13	9
3	11	14	23	12
17	10	21	1	16
18	2	22	7	19

时间 _____

13	23	8	4	12
6	15	22	2	14
10	19	25	5	9
20	11	16	24	7
3	1	17	18	21

时间 _____

1	3	21	17	18
12	4	8	13	23
14	2	22	6	15
9	5	25	10	19
7	24	16	20	11

时间 _____

24	16	11	7	20
18	17	1	21	3
23	13	12	8	4
15	6	14	22	2
19	10	9	25	5

时间 _____

19	23	22	2	7
11	10	17	1	16
5	15	24	13	6
4	25	9	21	20
3	8	18	12	14

时间 _____

19	22	10	16	21
7	17	15	14	4
8	9	25	1	12
23	11	6	24	13
5	20	3	18	2

时间 _____

3	18	5	20	2
16	19	22	10	4
14	7	17	15	12
1	8	25	9	21
24	23	11	6	13

时间 _____

3	18	8	12	7
23	2	19	22	16
10	1	11	17	6
15	13	5	24	20
25	21	4	9	14

时间 _____

9	4	21	7	25
18	12	3	16	8
2	22	23	6	19
1	17	10	20	11
13	24	15	14	5

时间 _____

18	17	24	5	20
25	14	4	19	10
23	6	2	15	7
16	9	3	12	11
8	21	1	13	22

时间 _____

25	24	8	4	19
12	17	2	20	5
7	14	11	23	1
16	21	10	6	15
18	13	9	22	3

时间 _____

21	1	22	8	13
20	5	18	24	17
10	19	25	4	14
7	15	23	2	6
11	12	16	3	9

时间 _____

22	9	13	19	18
24	4	25	5	8
17	20	12	1	2
14	23	7	15	11
21	6	16	3	10

时间 _____

6	14	5	13	7
2	11	12	16	4
3	23	22	25	9
15	1	19	17	10
18	24	20	21	8

时间 _____

7	18	15	1	19
4	21	17	24	20
9	6	14	5	13
10	2	11	12	16
8	3	23	22	25

时间 _____

11	12	16	2	21
23	22	25	3	6
1	19	18	15	8
24	20	9	17	4
5	13	7	14	10

时间 _____

2	12	20	17	19
11	7	23	14	5
10	16	6	21	1
9	18	22	13	15
25	8	24	4	3

时间 _____

20	22	8	17	15
24	18	6	2	1
19	9	5	14	16
11	3	12	23	10
4	7	25	21	13

时间 _____

6	24	1	18	17
5	19	16	9	2
12	11	10	3	14
25	4	13	7	23
15	8	22	20	21

时间 _____

24	23	1	20	18
9	4	8	14	3
11	7	19	12	21
5	16	25	10	15
22	13	2	6	17

时间 _____

16	5	9	19	17
10	12	3	11	2
13	25	7	4	14
22	15	20	8	23
6	1	24	18	21

时间 _____

9	10	12	14	13
18	17	15	21	19
23	22	6	24	16
20	8	5	1	7
4	11	3	2	25

时间 _____

19	10	4	14	25
15	7	2	6	23
12	11	3	9	16
13	22	1	21	8
17	18	5	20	24

时间 _____

15	19	21	17	18
6	16	24	22	23
5	7	1	8	20
3	25	2	11	4
14	9	10	13	12

时间 _____

22	23	24	16	6
8	20	1	7	5
11	4	2	25	3
13	12	10	9	14
19	15	17	18	21

时间 _____

3	9	21	17	4
6	11	8	14	1
24	25	12	5	2
7	23	13	19	20
10	15	18	22	16

时间 _____

24	10	25	23	16
13	17	18	9	20
11	5	8	15	2
6	19	22	21	12
7	14	1	3	4

时间 _____

18	13	9	17	16
8	11	15	5	20
22	6	21	19	2
1	7	3	14	12
24	25	10	23	4

时间 _____

14	20	11	16	6
13	17	5	24	3
10	4	12	23	15
19	2	1	8	25
21	18	22	9	7

时间 _____

3	6	22	13	18
20	24	23	1	21
15	9	4	8	14
12	11	7	19	2
10	5	16	25	17

时间 _____

18	19	12	11	7
21	25	10	5	16
14	3	6	22	13
2	20	24	23	1
17	15	9	4	8

时间 _____

18	21	7	22	9
6	16	11	14	20
3	24	5	13	17
15	23	12	10	4
25	8	1	19	2

时间 _____

8	1	2	25	19
9	22	18	7	21
20	14	6	11	16
17	13	3	5	24
4	10	15	12	23

时间 _____

25	12	5	2	3
23	13	19	20	6
15	18	22	16	24
21	17	4	9	7
8	14	1	11	10

时间 _____

13	19	20	23	7
18	22	16	10	25
17	4	9	21	3
14	1	11	8	15
5	2	24	12	6

时间 _____

1	16	23	3	24
8	17	22	2	11
10	14	9	12	6
19	15	20	25	4
18	7	5	13	21

时间 _____

22	11	2	17	8
9	6	12	14	10
20	4	25	15	19
5	21	18	7	13
3	1	16	24	23

时间 _____

18	5	14	4	2
9	20	10	24	16
19	15	25	11	13
1	21	3	7	22
8	12	6	23	17

时间 _____

10	9	16	20	4
25	19	13	15	24
3	1	22	21	11
6	8	17	12	7
2	14	5	18	23

时间 _____

14	10	12	6	9
15	19	25	4	20
7	13	18	21	5
24	23	16	1	3
11	22	17	8	2

时间 _____

13	25	15	19	4
22	3	21	1	24
17	6	12	8	11
5	2	18	14	7
10	16	9	20	23

时间 _____

22	19	4	3	18
17	5	1	13	9
11	10	14	25	2
15	21	16	7	24
23	12	20	8	6

时间 _____

11	21	14	22	12
19	18	15	9	16
17	23	1	13	25
3	7	2	20	10
24	4	6	8	5

时间 _____

1	17	9	5	3
14	11	2	10	13
16	15	24	21	25
20	23	6	12	7
18	4	19	22	8

时间 _____

4	24	5	6	8
12	22	14	11	21
16	9	15	19	18
25	13	1	17	23
10	20	2	3	7

时间 _____

16	1	22	23	12
11	9	6	15	4
8	18	21	19	14
17	24	10	20	7
3	13	2	25	5

时间 _____

12	20	17	24	10
4	25	3	13	2
14	16	1	22	23
7	11	9	6	15
5	8	18	21	19

时间 _____

20	2	7	10	3
8	6	4	5	24
21	11	12	14	22
18	19	16	15	9
23	17	25	1	13

时间 _____

9	6	15	11	4
18	21	19	7	16
24	10	20	17	12
13	2	25	3	8
22	23	14	1	5

时间 _____

22	19	4	3	18
17	5	1	13	9
11	10	14	25	2
15	21	16	7	24
23	12	20	8	6

时间 _____

4	14	11	23	5
2	12	18	9	1
3	21	16	10	25
7	8	19	15	6
24	13	22	20	17

时间 _____

4	25	18	20	17
24	1	22	12	10
23	2	13	5	11
3	15	7	16	9
21	8	6	19	14

时间 _____

16	7	15	9	3
19	6	8	14	21
25	4	17	18	20
1	24	10	22	12
2	23	11	13	5

时间 _____

21	16	10	25	4
8	19	15	6	2
13	22	20	17	3
11	23	5	14	7
18	9	1	12	24

时间 _____

19	15	6	24	2
22	20	17	13	21
23	5	14	11	8
9	1	12	18	3
10	25	7	16	4

时间 _____

7	1	11	4	5
3	18	24	12	16
8	22	17	10	21
15	6	23	13	19
25	9	20	14	2

时间 _____

8	21	14	6	19
17	20	18	4	25
10	12	22	24	1
11	5	13	23	2
9	16	7	3	15

时间 _____

23	15	13	5	6
20	14	25	16	9
4	11	1	21	7
12	24	18	19	3
10	17	22	2	8

时间 _____

25	20	9	14	5
1	4	7	11	16
18	12	3	24	21
22	10	8	17	19
6	13	15	23	2

时间 _____

15	22	13	3	10
12	23	25	14	19
4	2	8	6	17
21	5	11	7	24
20	18	9	16	1

时间 _____

2	8	6	17	15
5	11	7	24	12
18	9	16	1	4
13	3	10	21	22
25	14	19	23	20

时间 _____

22	6	12	24	14
20	7	4	21	23
17	16	19	18	11
15	10	2	25	13
3	9	5	1	8

时间 _____

16	19	18	11	22
10	2	25	13	20
9	5	1	8	17
12	24	14	6	15
4	21	23	7	3

时间 _____

6	7	12	17	22
18	15	1	8	24
13	2	11	21	25
9	19	4	20	3
14	5	10	16	23

时间 _____

2	25	13	10	7
5	1	8	9	15
24	14	6	12	3
21	23	17	4	20
18	11	16	19	22

时间 _____

6	12	10	23	2
17	22	18	15	19
21	20	5	13	8
11	7	1	9	24
25	14	3	16	4

时间 _____

18	17	19	22	23
5	21	8	20	15
1	11	24	7	13
3	25	4	14	9
2	10	12	6	16

时间 _____

24	17	16	7	6
22	2	19	10	5
18	1	23	8	13
3	14	9	21	11
4	20	15	12	25

时间 _____

5	8	20	21	23
24	1	7	11	15
4	3	14	25	13
12	2	6	10	9
18	19	17	22	16

时间 _____

9	6	8	14	17
10	4	15	24	11
25	23	18	5	22
1	16	3	21	20
12	2	7	19	13

时间 _____

21	9	14	11	3
12	15	20	25	4
17	24	6	16	7
2	22	5	19	10
1	18	13	23	8

时间 _____

24	17	16	7	6
22	2	19	10	5
18	1	23	8	13
3	14	9	21	11
4	20	15	12	25

时间 _____

20	4	25	15	12
6	7	16	24	17
5	10	19	22	2
13	8	23	18	1
11	21	9	3	14

时间 _____

19	15	6	10	11
5	1	20	18	3
8	9	7	24	13
22	2	4	16	14
17	21	12	23	25

时间 _____

4	16	14	2	1
12	23	25	21	9
10	11	15	6	17
13	3	5	20	22
24	18	19	7	8

时间 _____

9	7	24	13	19
2	4	16	14	5
21	12	23	25	8
6	10	11	15	22
20	18	3	1	17

时间 _____

23	1	25	22	6
5	8	17	15	14
20	24	13	21	2
3	9	12	19	4
10	7	16	11	18

时间 _____

15	11	24	4	10
18	22	5	23	25
3	20	21	16	1
7	13	19	2	12
14	9	6	17	8

时间 _____

9	6	8	14	17
10	4	15	24	11
25	23	18	5	22
1	16	3	21	20
12	2	7	19	13

时间 _____

10	16	7	11	6
1	22	23	25	14
8	15	5	17	2
24	21	20	13	4
9	19	3	12	18

时间 _____

23	25	5	22	18
16	1	21	20	3
2	12	19	13	7
17	8	6	9	14
11	15	4	10	24

时间 _____

16	20	8	4	9
22	19	3	10	21
17	14	1	15	23
2	11	25	5	24
6	12	13	7	18

时间 _____

13	7	8	14	2
23	19	10	12	25
16	9	3	4	18
5	15	11	6	1
21	17	24	20	22

时间 _____

22	19	3	10	21
8	11	25	5	23
6	12	13	7	18
17	14	1	15	24
16	20	8	4	9

时间 _____

1	24	4	6	19
23	3	18	12	2
7	13	9	25	16
11	14	10	8	20
17	21	22	5	15

时间 _____

19	6	2	5	17
14	16	1	10	3
11	9	12	23	20
15	24	22	21	8
13	25	7	18	4

时间 _____

21	11	7	4	8
13	3	23	24	14
10	22	25	5	9
15	12	6	19	20
1	16	2	17	18

时间 _____

13	18	22	12	21
2	17	16	24	23
3	25	1	4	15
7	10	8	19	5
6	20	14	11	9

时间 _____

17	25	19	8	10
12	20	6	21	13
18	9	1	11	24
22	16	3	15	23
2	4	7	14	5

时间 _____

2	19	14	22	6
17	1	23	12	18
10	21	5	7	8
25	16	13	3	24
15	11	4	9	20

时间 _____

14	18	10	12	13
22	7	19	25	8
2	6	5	15	17
9	23	4	1	21
3	20	11	24	16

时间 _____

7	8	5	21	10
15	25	3	24	13
9	20	4	11	16
22	6	14	19	2
12	18	23	1	17

时间 _____

18	22	12	13	19
17	16	24	2	5
25	1	4	3	23
10	8	15	7	9
14	11	6	20	21

时间 _____

9	8	13	15	19
10	17	5	12	1
18	7	21	11	22
25	6	23	16	3
14	24	20	2	4

时间 _____

12	17	15	3	21
1	13	14	2	8
6	9	4	20	5
24	25	10	11	16
22	19	18	7	23

时间 _____

11	16	10	25	24
7	21	18	19	12
3	23	15	17	22
2	8	14	13	4
9	6	20	5	1

时间 _____

21	18	11	7	3
23	25	16	6	22
13	9	15	8	4
20	14	2	24	19
10	5	17	12	1

时间 _____

21	5	8	10	1
18	12	17	23	7
24	3	25	13	16
20	9	15	4	11
6	22	2	14	19

时间 _____

22	16	2	8	21
3	20	1	25	15
5	19	10	12	13
4	24	17	7	9
6	14	11	23	18

时间 _____

4	17	2	6	24
5	9	21	23	12
11	3	16	20	1
10	14	13	18	25
8	19	7	22	15

时间 _____

5	20	15	19	22
16	2	8	21	4
12	25	13	1	3
17	7	9	24	10
11	23	18	14	6

舒尔特专注力训练游戏 ③

数字游戏练习

高级

编著 王颖

民主与建设出版社
北京

© 民主与建设出版社，2022

图书在版编目(CIP)数据

舒尔特专注力训练游戏：全7册 / 王颖编著 .--北京：民主与建设出版社，2022.11
ISBN 978-7-5139-4028-3

Ⅰ.①舒… Ⅱ.①王… Ⅲ.①注意－能力培养－通俗读物 Ⅳ.①B842.3-49

中国版本图书馆 CIP 数据核字（2022）第216054号

舒尔特专注力训练游戏（全7册）
SHU'ERTE ZHUANZHULI XUNLIAN YOUXI QUAN7CE

编　　著	王　颖
责任编辑	刘树民
封面设计	关欣竹
出版发行	民主与建设出版社有限责任公司
电　　话	（010）59417747　59419778
社　　址	北京市海淀区西三环中路10号望海楼E座7层
邮　　编	100142
印　　刷	唐山才智印刷有限公司
版　　次	2022年11月第1版
印　　次	2022年12月第1次印刷
开　　本	787毫米×1092毫米　1/16
印　　张	25.75
字　　数	70千字
书　　号	ISBN 978-7-5139-4028-3
定　　价	168.00元

注：如有印、装质量问题，请与出版社联系。

舒尔特方格

舒尔特方格是世界公认的简单、有效、科学的注意力训练方法。设计之初是用来训练、考核飞行员的专注力。随着专注力的重要性被越来越多的人意识到,舒尔特方格也逐渐走进大众的视野。

早在19世纪,马克思根据自己的切身经历提出了"天才就是集中注意力"的著名论断,同时法国著名生物学家乔治·居维叶也说"天才,首先是注意力"。孩子学习路上最大的拦路虎就是专注力不够,上课集中注意力时间短、不能遵守课堂纪律、写作业速度慢等都是专注力差的表现。而专注力经过系统的培养和矫正是可以改善的,这也是舒尔特方格被大众认可的原因。

本系列图书在传统舒尔特数字方格的基础上融入字母、色彩、文字、图形等多个元素,根据难易程度设置层级。激发孩子兴趣的同时,让孩子通过科学系统的练习,循序渐进,完成专注力的提升。

舒尔特方格数字游戏练习方法:

例:按1-9或1-16的顺序,依次指出数字的位置,记录用时并与成绩参考表比对。

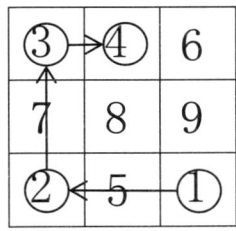

成绩参考表:

7×7 舒尔特数字游戏成绩参考				
等级	3-5岁	6-10岁	11-17岁	18岁+
优	109秒内	99秒内	89秒内	79秒内
良	110-130秒	100-120秒	90-110秒	80-100秒
中	131-140秒	121-130秒	111-120秒	101-110秒
及格	150秒内	140秒内	130秒内	120秒内

10×10格难度较高,不做成绩参考比对,自行记录每次用时与往期比对。

注意事项:

1.眼睛距表30-35厘米,视点自然放在表的中心;

2.在所有字符全部清晰入目的前提下进行;

3.每看完一个表,眼睛稍作休息,或闭目,或做眼保健操,每天看5-8个表即可;

4.此结果仅供参考。如果前期成绩不理想可以同自己上一次的成绩做比对,循序渐进。

时间 _____

22	12	7	1	42	19	30
9	33	8	35	31	44	48
29	11	49	25	18	13	6
41	5	14	47	3	43	32
39	21	36	16	2	45	23
34	20	27	17	38	15	26
46	24	37	4	28	40	10

时间 _____

21	18	14	27	3	46	42
40	1	30	25	26	15	28
24	20	49	17	37	29	22
5	32	36	7	41	34	19
11	10	31	38	35	2	9
48	23	45	39	12	8	43
13	4	47	33	44	16	6

时间 _____

17	43	9	3	31	10	45
46	1	34	36	27	5	33
35	2	39	24	40	25	20
13	38	15	12	8	21	23
44	16	22	42	19	6	4
49	18	48	26	14	11	32
29	41	47	37	30	28	7

时间 _____

48	15	20	28	29	4	19
45	41	36	25	27	24	44
26	5	8	49	7	33	21
42	35	23	31	6	22	38
11	13	18	17	14	3	32
40	9	16	43	10	2	30
12	47	1	46	34	39	37

时间 _____

33	8	34	26	43	45	5
19	47	2	38	16	20	10
3	23	7	6	4	12	37
41	49	11	15	46	44	17
22	28	42	1	36	30	13
32	35	9	25	31	24	48
18	27	29	21	14	40	39

时间 _____

36	4	33	10	9	15	31
42	12	19	21	30	13	1
8	11	17	39	26	6	46
29	32	28	45	18	44	35
20	2	40	48	14	27	7
3	23	43	41	25	38	47
16	37	22	24	5	49	34

时间 _____

11	30	5	12	44	41	4
24	1	33	35	37	34	21
18	20	10	48	46	27	7
9	3	47	28	23	17	25
13	22	8	42	16	39	32
45	36	6	43	40	19	15
49	31	29	2	14	26	38

时间 _____

46	44	48	49	33	6	15
20	23	43	41	30	39	17
24	42	38	31	5	34	10
25	27	7	13	35	22	47
4	37	45	18	29	19	8
14	26	3	12	16	21	36
40	9	1	11	2	28	32

时间 _____

11	16	12	15	20	6	1
35	13	30	34	31	45	36
18	29	46	37	17	28	3
14	4	38	33	23	47	22
49	7	40	43	8	9	32
26	25	42	21	39	48	44
10	27	24	2	5	41	19

时间 _____

33	6	47	20	36	17	16
9	7	41	23	4	31	5
21	10	22	37	1	2	13
27	14	35	42	8	49	29
3	39	19	40	15	38	44
11	46	48	25	32	45	43
12	28	34	30	18	24	26

时间 _____

20	4	35	40	46	22	42
2	32	1	14	29	39	30
41	9	23	17	24	3	49
31	25	8	11	15	43	26
34	18	16	38	27	44	45
21	36	12	5	6	33	28
37	7	10	47	19	13	48

时间 _____

15	33	16	22	25	3	18
45	26	43	2	44	23	20
1	29	36	14	32	35	5
30	46	13	49	38	41	37
40	27	7	9	4	28	8
6	21	31	47	11	48	19
24	34	17	42	12	39	10

时间 _____

18	11	31	7	19	21	17
10	28	39	23	25	30	20
32	26	15	3	34	4	14
38	5	27	2	44	29	16
43	33	42	9	1	36	8
45	6	41	47	37	13	46
48	12	40	35	24	49	22

时间 _____

1	23	18	33	36	37	27
13	39	16	31	2	17	25
29	41	8	3	11	5	28
9	38	7	32	48	30	40
12	20	21	19	42	46	44
45	49	15	14	35	26	10
6	34	43	47	24	4	22

时间 _____

9	35	14	27	30	37	24
13	36	45	43	29	28	7
2	6	18	41	10	1	17
31	42	8	20	23	15	4
33	34	44	26	5	47	21
11	40	38	16	49	19	46
39	25	32	3	12	22	48

时间 _____

27	2	45	46	44	11	21
30	7	1	41	12	49	20
17	23	38	24	13	19	4
35	48	36	39	8	26	22
42	6	16	9	32	31	33
3	37	5	25	40	29	28
47	34	15	18	14	10	43

时间 _____

46	9	18	2	22	21	33
12	37	15	5	7	8	25
10	6	34	45	1	16	13
28	39	48	23	49	3	44
42	38	31	26	20	29	47
41	36	43	35	11	32	40
30	17	27	4	24	19	14

时间 _____

14	49	22	30	3	28	16
25	1	43	9	41	23	24
29	5	33	48	39	47	8
11	13	44	35	46	4	12
18	6	36	31	20	17	7
37	42	34	26	27	19	45
21	40	15	32	10	38	2

时间 _____

23	14	12	49	48	40	36
26	37	34	46	28	21	29
18	1	38	10	3	25	44
33	31	41	7	17	2	4
32	39	13	35	27	11	42
43	22	30	5	24	45	8
20	19	9	47	6	16	15

时间 _____

11	1	18	3	44	15	33
12	21	7	19	43	16	13
38	32	25	23	31	4	22
5	29	8	42	49	46	14
34	30	20	40	6	9	37
36	35	41	48	24	17	45
26	47	2	27	39	28	10

时间 _____

4	8	22	21	36	6	12
20	46	15	25	23	24	35
13	40	18	34	26	38	7
3	49	2	39	41	1	19
11	42	28	33	37	44	43
10	27	30	17	29	45	48
16	31	5	14	32	47	9

时间 _____

32	18	28	5	24	3	7
48	22	42	27	16	19	12
8	4	39	36	9	30	47
46	21	23	34	29	44	17
49	40	38	43	45	41	31
37	15	13	26	2	20	6
1	33	14	11	35	10	25

时间 _____

46	8	33	29	38	14	40
24	25	10	47	6	49	23
42	15	32	22	1	35	39
41	12	9	43	20	21	17
13	30	16	2	26	3	5
37	19	4	45	11	18	44
7	27	31	36	48	34	28

时间 _____

36	17	19	43	5	47	30
6	33	23	31	7	10	21
9	13	46	20	8	45	41
16	29	49	2	44	24	34
35	42	39	1	26	4	40
37	15	12	27	18	38	11
28	22	32	3	25	14	48

时间 _____

48	10	40	43	2	35	28
4	15	29	13	17	33	9
31	3	16	49	32	1	12
47	42	19	44	22	18	11
36	24	7	46	6	30	14
34	5	20	38	39	27	45
25	21	41	23	37	8	26

时间 _____

13	7	4	48	46	17	18
15	43	10	34	41	44	33
26	20	23	45	32	30	42
28	39	5	1	27	24	2
3	31	47	40	49	19	21
12	8	38	11	22	9	35
37	25	14	6	36	29	16

时间 _____

28	23	43	10	26	37	41
5	29	8	36	4	6	17
19	3	40	39	30	47	49
13	12	22	16	2	11	9
34	31	35	24	45	7	14
32	15	46	1	42	48	21
18	33	25	20	44	38	27

时间 _____

34	4	41	3	20	45	31
10	11	37	9	26	23	47
21	36	16	7	2	49	22
18	46	35	28	42	38	14
6	15	19	24	1	30	33
43	27	13	39	5	29	12
40	25	32	48	17	44	8

时间 _____

28	23	43	10	26	37	41
5	29	8	36	4	6	17
19	3	40	39	30	47	49
13	12	22	16	2	11	9
34	31	35	24	45	7	14
32	15	46	1	42	48	21
18	33	25	20	44	38	27

时间 _____

34	4	41	3	20	45	31
10	11	37	9	26	23	47
21	36	16	7	2	49	22
18	46	35	28	42	38	14
6	15	19	24	1	30	33
43	27	13	39	5	29	12
40	25	32	48	17	44	8

时间 _____

34	4	41	3	20	45	31
10	11	37	9	26	23	47
21	36	16	7	2	49	22
18	46	35	28	42	38	14
6	15	19	24	1	30	33
43	27	13	39	5	29	12
40	25	32	48	17	44	8

时间 _____

28	23	43	10	26	37	41
5	29	8	36	4	6	17
19	3	40	39	30	47	49
13	12	22	16	2	11	9
34	31	35	24	45	7	14
32	15	46	1	42	48	21
18	33	25	20	44	38	27

⏱ 时间 _____

27	35	7	13	4	41	42
6	36	20	34	5	26	49
16	14	28	9	17	11	40
47	1	15	18	3	48	33
12	25	10	23	44	24	39
45	29	30	46	31	38	2
37	21	22	19	8	32	43

⏱ 时间 _____

17	27	36	15	1	25	12
41	22	20	21	4	28	33
44	49	30	47	24	42	34
6	19	13	11	29	3	38
23	48	18	40	45	10	32
8	37	5	2	35	26	16
43	9	39	7	46	31	14

⏱ 时间 _____

2	48	17	47	16	13	34
45	22	38	32	18	44	30
1	49	14	39	11	9	31
42	43	41	10	21	6	28
40	35	33	26	20	7	29
4	24	12	37	46	3	19
25	8	15	23	5	27	36

⏱ 时间 _____

35	39	48	2	11	4	44
8	25	22	20	9	10	49
46	18	34	30	6	19	16
37	27	40	41	15	43	5
36	17	47	12	23	7	1
21	28	45	29	32	33	24
3	38	14	31	26	13	42

时间 _____

16	13	15	2	48	27	43
46	33	9	42	23	12	47
30	28	18	26	25	34	3
41	38	35	31	44	45	39
14	29	6	10	7	11	40
36	5	37	8	4	1	20
32	49	24	17	21	19	22

时间 _____

12	45	10	44	31	25	5
14	33	42	37	17	36	18
22	16	48	11	34	15	8
39	43	27	30	28	41	20
46	1	2	35	49	4	6
23	9	29	7	32	19	47
38	40	26	24	21	13	3

时间 _____

30	4	20	14	48	3	23
21	13	33	28	1	41	44
18	49	39	16	36	10	38
9	7	27	34	2	42	15
35	11	45	47	25	17	22
24	37	5	26	31	12	43
46	40	32	29	19	6	8

时间 _____

10	21	39	1	4	33	36
30	22	13	41	27	48	42
16	23	24	26	44	15	34
3	7	25	40	37	28	19
8	6	31	5	32	29	46
45	14	9	20	11	47	49
18	38	2	35	43	12	17

时间 _____

3	7	25	41	37	28	19
45	14	9	20	11	47	49
18	38	2	35	43	12	17
8	6	31	5	32	29	46
10	21	39	1	4	33	36
16	23	24	26	44	15	34
30	22	13	40	27	48	42

时间 _____

9	7	27	34	2	42	15
24	37	5	26	31	12	43
46	40	32	29	19	6	8
35	11	45	47	25	17	22
21	13	33	28	1	41	44
30	4	20	14	48	3	23
18	49	39	16	36	10	38

时间 _____

22	16	48	11	34	15	8
12	45	10	44	31	25	5
39	43	27	30	28	41	20
14	33	42	37	17	36	18
38	40	26	24	32	13	3
46	1	2	35	49	4	6
23	9	29	7	21	19	47

时间 _____

14	29	6	10	7	11	40
32	49	24	17	21	19	22
41	38	35	31	44	45	39
36	5	37	8	4	1	20
16	13	15	2	48	27	42
30	28	18	26	25	34	3
46	33	9	43	23	12	47

时间 _____

40	15	18	44	27	23	4
13	6	48	36	12	14	32
34	22	16	17	1	35	30
19	39	38	46	7	25	43
47	5	45	21	31	26	24
3	42	28	20	11	29	9
33	8	2	41	49	10	37

时间 _____

13	48	5	35	1	44	27
6	16	28	7	40	43	30
20	12	17	45	34	10	14
9	31	36	38	21	22	11
47	32	37	4	49	46	24
26	29	8	15	2	18	23
33	19	42	41	25	3	39

时间 _____

28	49	8	44	42	36	16
26	22	46	35	32	10	23
45	12	38	21	47	2	43
40	5	4	15	29	14	24
48	30	25	6	7	9	20
34	19	41	33	37	39	27
3	18	13	31	1	11	17

时间 _____

6	43	16	31	48	34	3
30	45	44	41	17	32	24
9	13	12	36	39	5	21
11	40	15	37	42	29	19
4	26	47	20	49	33	28
46	38	14	10	18	22	27
25	7	23	8	35	2	1

时间 _____

9	13	12	36	39	5	21
6	43	16	31	48	34	3
30	45	44	41	17	32	24
25	7	23	8	35	2	1
4	26	47	20	49	33	28
11	40	15	37	42	29	19
46	38	14	10	18	22	27

时间 _____

40	5	4	15	29	14	24
6	18	13	31	1	11	17
34	19	41	33	37	39	27
48	30	25	3	7	9	20
26	22	46	35	32	10	23
45	12	38	21	47	2	43
28	49	8	44	42	36	16

时间 _____

20	12	17	45	34	10	14
13	48	5	35	1	44	27
6	16	28	7	40	43	30
47	32	37	4	49	46	24
33	19	42	41	25	3	39
9	31	36	38	21	22	11
26	29	8	15	2	18	23

时间 _____

34	22	16	17	1	35	30
19	39	38	46	7	25	43
13	6	48	36	12	14	32
40	15	18	44	27	23	4
3	42	28	20	11	29	9
33	8	2	41	49	10	37
47	5	45	21	31	26	24

时间 _____

37	21	22	19	8	32	43
12	25	10	23	44	24	39
45	29	30	46	31	38	2
47	1	15	18	3	48	33
6	36	20	34	5	26	49
16	14	28	9	17	11	40
27	35	7	13	4	41	42

时间 _____

41	22	20	21	4	28	33
17	27	36	15	1	25	12
6	19	13	11	29	3	38
44	49	30	47	24	42	34
8	37	5	2	35	26	16
43	9	39	7	46	31	14
23	48	18	40	45	10	32

时间 _____

37	27	40	41	15	43	5
21	28	45	29	32	33	24
3	38	14	31	26	13	42
36	17	47	12	23	7	1
35	39	48	2	11	4	44
8	25	22	20	9	10	49
46	18	34	30	6	19	16

时间 _____

40	35	33	26	20	7	29
25	8	15	23	5	27	36
42	43	41	10	21	6	28
4	24	12	37	46	3	19
2	48	17	47	16	13	34
1	49	14	39	11	9	31
45	22	38	32	18	44	30

时间 _____

44	25	35	49	45	38	19
16	29	9	7	14	10	30
3	18	46	33	27	32	20
37	28	24	23	41	42	21
6	36	11	1	17	43	34
31	47	22	8	39	5	2
13	48	12	4	40	15	26

时间 _____

37	28	24	23	14	42	21
16	29	9	7	41	10	30
3	25	35	33	45	32	19
44	18	46	49	27	38	20
6	48	22	1	17	15	26
31	47	11	8	39	5	2
13	36	12	4	40	43	34

时间 _____

31	47	22	8	39	5	2
6	36	11	1	17	43	34
16	29	9	7	14	10	30
13	48	12	4	40	15	26
3	18	46	33	27	32	20
44	25	35	49	45	38	19
37	28	24	23	41	42	21

时间 _____

13	48	12	4	40	15	26
6	36	11	1	17	43	24
31	47	22	8	39	5	2
44	25	35	49	45	38	19
37	28	34	23	41	42	21
3	18	46	33	27	32	20
16	29	9	7	14	10	30

时间 _____

28	99	79	38	72	39	78	26	17	29
76	58	68	70	84	7	44	93	54	67
42	94	62	27	25	46	85	75	61	1
50	60	21	45	86	91	66	48	71	96
100	31	10	22	5	73	64	55	14	6
51	88	81	56	97	30	13	89	49	65
52	63	40	34	15	19	20	80	36	43
2	4	90	18	8	57	37	74	47	92
77	83	98	69	23	35	32	95	33	87
53	9	11	24	16	59	12	3	41	82

时间 _____

74	45	42	39	66	8	18	78	27	10
14	59	37	97	76	99	94	41	87	88
91	73	21	31	100	5	62	57	63	29
19	81	70	79	11	48	33	53	4	82
71	60	43	49	58	89	30	64	9	77
90	51	44	50	54	36	13	34	93	22
67	12	46	69	35	83	16	20	23	61
2	47	68	56	15	98	84	25	26	95
52	92	40	3	24	7	72	65	80	85
17	55	75	28	32	6	96	38	86	1

时间 _____

89	92	88	45	52	60	68	98	56	69
78	91	86	7	34	74	54	46	66	1
79	40	49	10	15	62	5	61	20	41
81	13	23	18	77	48	37	2	27	35
51	100	8	65	44	59	99	95	72	38
14	29	25	83	87	73	32	4	85	70
6	82	93	43	57	22	39	33	67	30
53	97	94	71	90	47	80	19	50	76
36	16	28	58	21	63	96	42	31	26
17	64	11	84	75	55	12	9	24	3

时间 _____

14	97	39	31	74	69	10	47	52	80
22	63	37	25	70	93	57	16	46	6
68	65	11	60	2	91	51	20	64	55
43	24	36	40	85	48	89	45	84	27
42	56	17	49	59	77	35	50	34	88
5	96	90	94	66	30	86	99	72	9
95	15	67	26	44	71	13	98	61	29
53	100	83	62	58	8	4	38	3	12
87	76	7	19	18	54	23	21	33	75
73	78	81	79	32	92	82	28	41	1

时间 _____

90	16	74	96	22	86	49	34	71	52
61	41	89	21	7	42	36	10	62	25
24	9	19	78	95	53	63	26	73	80
35	51	91	81	69	46	23	44	15	76
31	60	54	99	27	29	6	77	3	58
37	5	93	47	97	56	75	72	64	65
83	28	8	70	66	33	20	92	32	84
79	17	98	85	2	40	13	11	43	48
55	39	68	14	94	57	18	87	82	50
30	38	1	4	100	45	88	67	59	12

时间 _____

13	36	100	31	77	89	60	30	76	97
27	92	47	25	53	38	56	42	43	62
98	87	51	33	79	5	64	52	34	40
16	94	58	73	63	86	14	78	22	57
19	71	88	15	68	61	82	21	75	99
7	83	67	37	6	81	28	11	93	66
69	80	72	50	54	24	39	45	35	96
26	20	18	9	41	29	32	91	44	4
46	84	70	2	8	55	10	59	65	23
17	1	95	3	48	49	12	85	90	74

时间 _____

83	67	27	14	2	50	38	93	84	42
51	39	59	61	32	41	21	92	76	86
82	65	9	52	70	71	47	17	15	29
75	1	45	58	60	18	10	55	87	78
36	97	81	63	90	68	20	64	100	85
24	11	16	94	69	19	22	30	26	79
62	57	33	48	40	44	77	74	28	53
37	66	34	23	54	5	46	91	7	89
88	12	3	99	95	25	73	96	98	31
35	4	13	8	56	6	72	80	49	43

时间 _____

63	34	50	54	86	87	1	5	47	4
27	58	51	39	95	78	6	40	32	22
79	85	67	69	2	12	92	89	35	3
29	46	48	71	23	44	66	43	45	33
41	13	9	42	99	30	11	31	68	55
25	88	10	77	70	76	8	75	80	7
36	82	62	28	37	49	26	18	24	91
52	57	96	98	60	16	65	19	73	15
93	20	56	97	17	81	59	61	72	14
74	84	38	21	90	94	83	53	64	100

⏱ 时间 _____

47	48	26	89	11	32	64	56	68	37
99	22	24	93	80	98	55	3	45	97
13	67	41	51	17	74	96	100	59	65
85	46	70	14	44	76	35	54	52	25
66	88	53	91	86	77	30	38	73	58
72	90	62	79	1	81	5	42	82	19
39	95	7	75	31	29	9	83	15	61
34	10	2	12	84	6	40	36	27	87
21	49	92	94	69	28	57	20	63	4
33	18	43	50	60	8	78	71	16	23

⏱ 时间 _____

70	72	6	96	18	75	87	84	37	56
22	69	61	14	94	29	66	39	33	17
16	3	99	80	60	47	4	63	67	46
15	27	86	2	81	49	5	98	40	48
88	41	44	31	77	43	62	91	32	74
10	54	21	20	11	34	93	42	53	57
30	38	9	25	83	71	36	85	82	59
73	68	50	76	26	90	23	79	89	100
24	58	52	7	64	1	35	92	28	51
45	55	65	13	19	8	95	97	78	12

时间 _____

61	17	88	29	66	45	62	23	4	99
70	1	40	20	84	69	7	36	34	73
94	57	98	30	43	85	50	74	35	75
71	89	56	83	13	9	28	24	31	21
15	95	49	12	10	5	42	51	44	79
64	82	2	52	53	100	78	41	59	8
33	63	18	16	26	92	54	67	91	96
46	22	76	3	39	37	27	72	77	48
58	25	38	90	65	87	11	47	55	86
6	60	80	32	14	19	97	93	68	81

时间 _____

10	49	93	72	82	24	4	98	41	81
20	54	37	56	66	18	76	59	78	19
28	1	45	52	30	29	48	97	70	73
31	23	27	39	35	33	34	51	71	21
69	90	8	43	100	32	6	63	99	80
60	55	86	9	94	47	46	79	58	53
7	26	65	17	38	67	84	96	68	64
5	42	40	16	95	57	25	62	36	14
15	44	2	3	89	77	92	75	83	88
74	11	13	50	91	12	22	85	61	87

时间 _____

33	49	47	32	56	46	50	63	98	31
91	35	11	68	13	90	45	22	97	8
5	71	2	83	10	53	9	39	18	92
64	62	36	87	69	73	86	99	6	88
95	12	89	37	66	42	30	43	14	23
59	34	40	78	76	20	24	58	85	65
16	79	19	70	74	1	82	61	60	4
44	25	7	48	17	67	21	26	41	80
84	28	52	3	15	75	51	96	94	57
100	38	93	55	29	54	72	81	77	27

时间 _____

11	1	72	95	84	4	71	76	31	86
56	87	89	83	99	57	94	2	91	50
90	47	15	77	61	48	29	21	28	65
59	80	62	92	49	27	25	63	58	18
98	45	12	51	7	66	19	43	6	9
96	78	44	3	26	16	34	85	64	32
41	24	30	8	75	23	73	33	20	10
37	68	35	88	5	55	42	38	53	81
93	40	46	97	70	22	100	39	79	36
54	52	74	13	67	14	17	69	60	82

时间 _____

31	8	39	44	29	88	83	79	25	67
68	9	43	51	73	38	34	27	18	22
72	64	90	65	7	49	96	77	6	16
98	69	1	93	60	87	17	30	94	45
70	23	20	74	40	59	21	75	53	99
97	33	46	63	92	82	36	86	15	78
52	100	80	58	54	41	37	81	10	95
71	62	55	32	35	57	4	3	48	47
42	91	13	76	12	19	84	85	61	5
56	24	14	2	26	66	28	11	50	89

时间 _____

87	15	71	18	86	54	53	50	13	51
28	88	67	9	22	78	48	95	23	33
39	64	21	62	93	69	19	68	24	30
46	41	76	26	12	96	82	83	32	98
14	74	52	58	65	100	63	47	34	2
43	80	36	61	49	40	31	17	70	10
4	79	81	11	56	42	66	90	84	27
1	89	44	91	55	77	7	20	99	38
6	16	59	85	73	35	3	60	75	37
97	8	5	72	45	25	29	92	94	57

时间 _____

16	73	32	24	91	74	69	22	50	42
100	52	7	31	62	33	13	3	43	83
8	72	5	84	28	95	66	86	61	81
98	76	19	21	56	47	46	49	18	77
20	6	64	97	96	90	1	99	40	25
88	9	39	10	17	26	53	75	11	41
36	93	94	70	60	71	37	65	23	63
80	44	38	89	55	57	4	58	27	54
87	59	29	79	68	34	67	12	35	45
48	2	78	30	51	85	92	82	14	15

时间 _____

73	29	97	30	42	28	17	67	53	33
16	50	96	76	48	20	61	85	54	60
59	95	1	46	90	66	23	41	56	12
87	32	47	19	80	7	8	26	52	62
43	94	91	21	2	34	75	98	83	78
4	64	77	3	72	88	92	15	38	81
58	11	65	69	57	39	5	35	100	71
51	79	55	89	9	37	22	13	10	18
49	14	86	99	40	25	45	84	70	44
6	31	24	82	93	63	68	27	36	74

时间 _____

17	34	25	1	30	85	94	27	23	40
63	97	32	65	7	55	76	19	57	48
42	8	69	75	67	89	11	100	50	99
83	98	43	87	36	33	95	13	46	39
5	59	21	2	52	28	29	82	54	35
53	68	62	37	80	91	58	51	16	84
90	72	41	26	96	31	64	60	14	56
49	66	44	12	74	73	45	10	4	15
77	93	20	22	79	92	78	70	81	71
18	6	61	86	38	88	9	24	47	3

时间 _____

53	4	33	71	80	83	85	36	61	97
75	94	18	67	98	14	64	54	24	68
15	59	90	92	57	22	41	88	49	39
16	40	12	73	62	47	34	7	5	89
13	50	70	99	28	87	8	42	96	10
91	81	51	100	17	66	86	25	79	31
44	52	2	55	20	93	58	45	74	69
3	27	21	56	35	26	82	38	1	65
6	72	32	37	23	9	11	77	78	63
60	84	46	30	95	48	29	76	19	43

时间 _____

7	93	92	10	40	3	30	17	45	100
39	94	91	80	50	51	16	52	43	99
97	33	68	58	4	23	26	90	12	2
73	41	54	28	70	75	55	74	71	82
36	21	87	15	77	95	67	1	14	96
47	9	81	46	37	20	86	34	18	56
98	85	89	79	62	44	49	61	5	69
48	60	29	25	88	6	27	38	66	78
83	42	13	76	65	11	22	64	8	32
84	63	72	19	53	57	31	59	24	35

时间 _____

89	23	12	35	2	13	92	94	91	48
53	83	96	64	99	52	80	95	79	11
50	74	18	26	14	4	63	62	90	5
65	76	44	73	46	97	98	71	43	30
55	19	17	72	100	54	47	25	49	20
16	31	41	39	82	93	75	29	3	78
77	68	34	66	81	7	22	58	60	21
70	15	33	40	67	57	9	6	37	27
8	45	32	1	87	51	10	42	61	28
84	59	88	56	36	86	85	38	24	69

时间 _____

74	85	86	13	2	11	3	30	34	72
23	92	28	71	43	82	40	84	38	80
49	41	64	50	79	70	58	25	35	99
36	46	17	57	81	54	6	75	53	73
27	42	39	12	95	9	68	78	88	15
5	87	83	18	44	66	61	97	7	76
29	69	100	56	14	91	20	33	10	63
94	67	47	26	48	32	51	22	93	21
8	19	90	52	59	45	77	24	89	16
1	31	60	55	98	65	37	62	96	4

时间 _____

2	23	80	86	63	52	15	84	58	25
94	60	46	42	24	36	62	81	50	100
11	32	3	67	66	72	53	87	70	45
26	76	19	90	14	12	98	69	33	29
7	17	35	85	75	6	20	82	1	28
73	34	92	9	61	27	64	78	22	74
40	51	44	21	39	99	49	97	57	43
10	47	30	5	18	13	93	54	55	83
4	37	96	41	91	77	71	38	59	95
89	68	79	48	8	56	88	16	31	65

时间 _____

61	95	53	21	84	90	71	54	39	12
48	63	60	1	13	100	75	41	3	42
79	77	15	86	49	30	34	14	40	23
50	17	85	94	37	99	91	97	47	80
22	93	58	25	4	62	19	38	29	92
27	16	83	33	72	36	64	8	73	57
24	98	46	66	81	45	68	74	89	69
76	32	44	6	35	5	43	56	26	52
18	28	11	10	55	51	59	78	9	82
65	87	96	7	67	2	20	70	31	88

时间 _____

24	86	59	21	81	75	74	68	28	80
40	65	32	39	66	14	53	22	64	6
54	58	37	13	29	50	83	71	72	49
42	99	63	34	96	56	92	7	62	25
4	19	10	94	85	27	98	46	100	2
97	70	36	95	69	1	30	33	79	55
11	41	18	84	35	15	90	12	51	89
93	61	23	31	43	67	91	44	45	48
17	78	52	38	60	16	57	5	3	88
47	20	9	77	87	26	8	73	82	76

时间 _____

31	30	33	90	18	47	81	92	57	8
85	6	88	17	70	5	45	79	61	80
66	97	64	16	22	24	84	26	29	89
38	50	2	93	73	43	25	63	56	100
19	28	53	62	91	82	69	32	13	27
83	9	55	67	36	87	15	23	37	58
39	68	40	4	71	52	99	34	72	42
76	65	74	86	1	14	48	49	46	95
41	7	60	35	10	12	59	78	20	94
44	98	77	11	3	51	96	54	21	75

时间 _____

42	48	100	49	46	93	32	34	21	26
58	83	10	98	81	79	35	33	6	89
86	39	24	18	88	27	87	72	37	41
80	61	59	31	13	47	43	25	55	17
60	67	16	85	14	54	5	69	84	40
29	66	15	30	65	74	44	96	62	36
7	75	53	38	28	99	9	51	52	76
63	45	50	73	94	97	64	1	68	70
95	71	56	12	11	19	20	78	2	82
57	23	77	22	91	3	8	4	92	90

时间 _____

47	33	41	16	93	61	71	17	63	55
53	98	80	97	96	66	14	38	32	54
10	44	42	20	8	72	78	1	35	95
81	3	100	70	26	7	18	68	30	39
48	75	37	56	90	21	82	76	60	92
29	24	85	22	12	40	79	57	74	87
59	36	73	83	94	52	67	58	9	13
31	84	51	4	64	88	2	11	6	49
99	27	91	25	5	46	65	23	34	45
62	50	77	19	15	89	69	43	86	28

时间 _____

41	80	9	58	37	28	11	59	4	42
38	99	95	77	46	83	10	87	79	26
60	29	50	51	76	57	27	98	39	52
54	40	93	47	12	21	13	81	8	90
20	86	74	19	22	1	6	2	44	100
30	15	35	23	70	78	67	68	62	43
84	94	17	96	49	75	7	33	82	88
89	14	64	36	34	55	31	66	85	16
91	48	24	56	18	3	45	63	97	65
5	69	71	53	72	73	32	61	25	92

时间 _____

66	9	81	65	40	10	58	5	71	35
74	20	24	31	4	64	17	48	49	96
14	32	7	37	16	57	56	3	38	79
19	83	70	13	23	98	42	55	93	95
46	53	26	69	50	87	30	54	15	86
21	90	52	39	18	73	80	12	59	47
51	6	85	89	43	67	22	27	63	72
44	2	99	88	100	92	77	34	28	8
91	33	41	36	11	60	84	29	94	62
45	82	78	76	25	75	61	97	68	1

时间 _____

60	69	41	38	3	82	99	21	30	81
18	17	66	52	97	90	32	4	15	78
31	50	33	8	89	56	80	53	1	23
49	77	95	85	24	83	54	70	45	22
94	10	91	43	62	92	26	58	76	88
74	71	59	67	14	2	48	35	75	51
36	73	98	29	7	40	86	16	42	61
11	12	9	20	72	25	27	5	64	55
68	37	100	44	19	84	47	79	6	57
93	63	65	34	87	28	39	46	13	96

时间 _____

46	22	33	39	70	83	77	27	94	61
36	25	32	11	80	85	96	38	24	100
58	10	98	3	68	55	26	69	35	51
71	87	9	84	12	63	45	34	81	97
30	49	17	41	93	28	37	57	99	53
21	88	42	4	56	74	2	72	13	92
23	47	48	86	89	7	60	5	62	54
67	73	14	20	31	64	91	44	18	43
66	6	75	65	8	78	19	79	95	40
59	52	76	1	29	16	50	82	90	15

时间 _____

21	17	73	82	62	28	7	4	78	13
18	1	42	24	61	83	27	25	52	33
86	30	44	94	20	9	36	58	74	95
68	32	87	19	26	6	50	79	76	54
93	40	99	51	88	80	16	3	14	31
38	97	29	45	49	100	91	85	53	39
43	98	10	71	34	35	47	72	15	48
56	66	41	67	60	22	59	69	8	77
2	90	81	63	46	64	5	11	57	92
55	75	84	65	89	23	96	70	37	12

时间 _____

37	67	27	34	29	28	54	2	33	15
49	23	87	59	66	30	41	42	93	21
60	98	97	100	73	38	16	86	52	58
24	62	40	76	64	81	77	57	68	32
35	88	72	14	94	69	26	5	80	82
3	43	78	89	99	92	25	91	85	83
95	47	31	17	90	13	6	9	44	19
96	4	61	56	1	12	65	55	18	22
10	70	63	84	75	50	51	71	45	53
7	11	74	79	36	8	48	20	46	39

时间 _____

39	5	20	80	46	17	61	97	35	27
44	71	95	16	53	11	67	54	47	73
86	55	79	22	21	88	49	34	90	9
76	56	52	50	29	98	7	82	72	51
91	78	13	77	59	93	70	75	62	89
87	94	18	38	58	10	32	40	42	63
33	30	60	24	92	85	83	1	8	36
23	48	28	4	12	37	41	26	6	3
65	81	96	43	99	64	68	84	19	74
69	66	57	100	45	14	2	15	25	31

时间 _____

90	12	70	61	69	27	75	36	86	13
50	1	4	22	63	28	46	54	26	43
51	78	55	45	42	91	40	81	11	31
2	3	85	23	68	100	18	34	44	80
29	79	7	95	5	32	59	39	73	83
71	52	9	87	41	57	88	77	97	20
93	99	37	94	76	89	14	72	66	19
25	33	98	84	67	47	62	21	6	10
65	38	53	96	60	64	92	17	56	48
16	8	58	30	49	15	82	24	74	35

时间 _____

92	90	43	11	45	10	49	13	26	63
33	69	81	71	58	76	57	47	8	78
73	59	34	62	70	46	39	99	91	52
94	50	44	7	64	53	37	25	24	36
21	95	68	38	96	77	6	18	2	54
51	98	84	55	65	67	1	66	14	17
89	86	15	72	80	28	12	85	48	93
32	35	30	19	79	83	82	23	42	74
4	29	5	20	60	9	56	61	16	100
75	3	31	97	22	87	88	40	27	41

时间 _____

5	95	81	28	79	69	65	40	58	75
98	27	64	9	8	3	47	26	99	76
46	2	88	93	15	85	71	83	59	17
21	45	70	80	50	86	66	19	16	35
67	94	43	82	29	63	53	49	48	24
77	89	7	54	20	96	44	100	51	62
60	84	30	56	25	39	13	57	42	41
18	1	91	87	61	34	6	14	10	78
23	11	92	36	52	37	31	73	55	68
12	33	38	32	97	72	22	4	90	74

时间 _____

77	65	33	42	1	20	83	57	63	78
15	61	67	76	41	44	79	17	49	82
40	27	30	24	12	95	36	10	91	60
2	96	43	38	3	90	14	94	51	84
80	56	52	46	23	47	55	26	88	8
68	9	93	73	13	53	92	31	4	81
28	97	62	89	5	29	39	35	72	45
6	71	34	7	37	58	74	50	99	18
64	87	48	86	75	70	54	100	85	22
21	59	69	66	25	32	19	16	11	98

时间 _____

24	81	80	53	69	46	26	63	95	75
82	84	22	77	10	30	67	78	65	37
60	72	71	62	99	88	98	50	61	34
85	96	73	58	4	89	92	3	12	51
40	74	42	15	38	31	43	48	39	47
44	33	86	68	14	2	9	56	90	66
28	45	57	79	21	35	91	18	76	54
32	8	49	87	6	23	11	29	13	36
100	97	52	7	20	55	25	17	59	27
93	70	83	5	16	19	94	1	41	64

时间 _____

97	13	24	23	3	44	100	69	15	49
42	29	67	51	62	73	40	95	19	72
54	55	58	21	18	20	56	84	26	60
81	17	78	63	45	27	37	87	98	59
93	2	83	57	99	43	6	34	61	33
48	91	30	14	80	39	75	92	68	88
82	32	77	65	85	25	5	11	8	46
71	9	1	74	31	86	50	70	64	79
76	66	7	16	52	47	4	12	90	89
10	96	94	53	28	41	35	36	22	38

时间 _____

53	96	52	6	70	89	83	69	1	30
79	62	18	77	40	12	26	13	63	86
21	58	15	80	24	55	95	2	37	41
29	46	94	97	32	8	10	39	56	31
3	33	51	9	68	38	87	16	45	44
22	49	23	14	92	20	76	78	72	75
88	91	65	54	28	98	36	17	50	73
42	99	81	27	34	67	43	47	85	74
35	48	100	93	19	5	11	90	59	7
4	84	82	64	71	57	66	61	25	60

时间 _____

91	3	5	84	100	62	67	50	63	74
49	31	2	95	78	28	22	59	79	80
97	93	29	36	90	89	9	56	94	71
65	14	75	11	32	82	13	83	45	96
27	99	66	47	23	77	26	68	34	15
38	41	10	46	57	54	72	7	30	52
40	33	55	21	1	16	87	43	51	53
70	76	64	88	35	17	19	73	24	85
69	8	60	6	86	12	42	98	48	25
20	37	81	39	61	4	18	44	58	92

时间 _____

76	58	20	37	8	57	35	95	92	63
67	29	34	98	81	2	69	68	13	18
90	70	36	78	6	84	40	77	74	61
14	4	82	89	46	51	39	62	26	97
73	72	32	33	87	85	66	41	25	47
83	27	1	7	53	80	43	30	3	91
96	60	38	11	16	45	15	19	49	94
86	65	93	100	5	75	44	22	54	28
79	50	59	24	12	42	56	17	9	10
71	88	55	23	64	31	48	52	99	21

时间 _____

92	57	40	75	74	66	41	45	84	73
53	89	99	26	61	24	16	94	27	96
8	67	82	78	6	85	22	47	30	64
32	87	60	23	86	42	48	34	39	35
46	37	19	58	70	33	14	68	62	10
11	91	56	100	65	95	4	18	2	72
63	69	59	51	13	77	54	43	97	90
55	9	80	93	38	15	25	5	49	21
20	81	79	7	88	1	44	12	52	29
76	83	50	36	98	3	17	71	31	28

时间 _____

28	95	83	34	80	31	21	66	18	25
9	11	29	41	30	45	35	15	86	97
57	53	49	89	39	62	64	65	73	42
87	92	46	70	94	14	52	91	16	43
13	10	23	76	6	40	93	3	71	63
33	60	90	24	82	68	50	79	58	84
67	4	12	54	56	51	69	37	44	74
99	98	47	81	32	55	19	36	26	48
88	75	85	27	20	2	96	22	17	59
8	5	61	72	77	38	1	7	100	78

时间 _____

16	40	76	17	66	20	74	12	35	36
22	43	23	78	61	95	24	33	55	32
46	80	59	96	18	2	30	72	15	7
49	64	50	51	39	68	54	60	75	41
87	79	3	44	19	58	45	37	89	31
62	100	91	34	85	57	90	11	47	38
82	84	27	63	92	53	26	42	65	8
9	93	6	86	1	94	56	73	25	13
70	99	52	71	77	29	69	97	28	48
81	67	98	5	14	88	4	10	21	83

时间 _____

76	31	66	71	44	26	36	35	23	85
17	65	25	64	48	57	47	12	81	5
11	87	99	62	83	7	6	98	38	79
41	45	63	69	68	20	89	52	15	13
74	8	19	51	59	100	49	73	14	50
27	18	60	22	34	32	61	95	78	3
70	37	2	67	96	42	56	82	1	84
90	28	10	91	75	46	55	4	43	94
40	39	54	58	77	33	16	30	92	97
72	21	88	86	53	80	29	93	9	24

时间 _____

70	10	56	31	13	60	66	27	12	6
98	64	44	48	37	96	22	77	100	29
11	34	82	39	69	49	93	41	74	50
88	18	91	7	53	46	71	97	90	62
75	81	4	87	20	59	3	33	2	54
55	14	65	94	17	28	73	67	86	79
36	32	76	26	42	43	78	68	16	72
61	84	19	30	8	58	38	35	89	1
25	47	5	23	52	83	21	9	40	92
45	15	63	24	95	80	99	51	85	57

时间 _____

4	45	8	32	30	73	15	60	18	90
74	28	23	17	70	9	85	22	20	49
53	79	19	76	68	59	14	40	35	6
81	75	34	94	58	83	92	43	86	46
44	55	89	36	7	27	72	88	93	50
99	24	42	54	77	80	67	12	78	29
62	10	2	5	26	39	3	87	16	69
13	11	84	65	64	56	31	47	37	98
100	38	57	33	1	95	82	21	91	52
51	61	48	41	25	71	66	63	97	96

时间 _____

33	35	85	59	43	70	3	41	26	29
24	55	6	21	83	17	10	12	94	40
78	97	75	49	27	89	51	88	54	9
86	72	57	31	15	5	52	37	90	92
14	7	53	42	38	39	77	18	2	8
74	47	36	64	98	62	23	71	76	100
1	82	48	73	69	30	93	44	81	32
95	96	58	16	11	68	91	46	22	80
79	4	61	25	65	63	56	66	50	13
67	99	34	19	87	28	84	20	45	60

时间 _____

74	2	91	85	39	48	45	17	57	87
98	50	79	23	67	12	9	31	64	15
19	44	71	10	55	82	60	89	5	59
30	41	73	92	70	58	86	7	53	94
75	95	80	42	78	1	51	14	56	81
43	68	96	22	72	88	24	76	69	4
34	100	3	32	8	26	37	11	33	13
25	54	27	77	83	46	97	40	36	47
61	84	20	62	18	16	90	99	65	6
38	21	35	66	63	52	49	29	28	93

时间 _____

9	59	80	94	40	66	27	46	43	71
88	11	18	20	8	42	44	12	48	2
73	19	61	35	68	58	14	34	30	5
39	52	23	28	3	78	51	37	16	85
49	24	100	1	56	62	10	98	57	45
92	90	82	55	4	47	36	6	13	25
89	54	79	77	91	64	26	67	33	70
38	60	83	69	97	31	81	99	86	32
96	65	76	17	95	41	21	50	53	84
74	15	93	72	87	29	22	7	63	75

时间 _____

10	71	75	45	1	93	84	8	91	41
73	48	29	100	76	35	82	26	16	15
38	57	40	25	74	51	34	56	88	27
64	12	39	98	24	60	9	67	3	2
36	5	21	22	81	99	89	44	23	17
69	87	14	37	49	86	54	33	13	55
6	72	4	61	30	94	85	77	28	79
96	95	19	46	90	42	92	63	20	78
66	97	53	32	18	62	70	68	65	47
11	31	7	80	52	43	59	50	58	83

时间 _____

79	21	36	95	39	88	40	14	15	91
58	29	9	94	32	68	7	5	48	25
51	86	37	19	35	77	46	24	74	52
54	82	98	60	45	75	3	27	61	85
47	42	2	10	50	83	18	28	23	33
57	72	43	53	99	76	93	12	56	66
49	87	73	6	20	59	84	34	97	67
62	89	44	63	16	64	100	55	71	70
90	78	4	80	22	92	41	17	30	96
8	38	1	26	11	69	13	65	81	31

时间 _____

54	72	80	50	37	85	79	8	68	10
25	42	84	71	94	98	3	53	16	67
28	92	13	14	51	87	26	21	43	19
78	66	31	60	99	46	4	61	11	15
34	70	86	48	100	5	7	40	6	17
41	55	20	62	81	74	18	88	24	64
30	77	82	32	2	44	38	1	22	49
89	63	9	27	73	83	97	90	29	35
58	65	39	95	75	93	45	57	56	12
96	69	36	23	47	33	59	91	76	52

时间 _____

56	69	19	37	86	6	34	76	5	30
36	45	58	80	1	3	44	46	99	66
47	32	43	48	27	17	71	60	2	88
89	65	85	97	94	61	63	82	49	73
40	33	90	26	77	62	25	21	50	81
54	42	52	31	98	51	35	15	100	23
20	10	79	39	22	11	96	91	29	41
83	74	4	70	24	84	8	64	7	72
78	53	28	16	38	75	67	12	55	9
87	95	18	57	68	13	92	93	14	59

时间 _____

75	60	99	33	90	41	7	62	64	51
47	71	45	55	15	18	11	48	29	26
10	58	37	22	27	44	13	24	50	6
69	16	42	30	93	66	77	49	57	70
40	84	74	38	87	1	2	36	61	56
86	81	82	5	3	72	31	83	85	92
23	43	17	25	9	67	19	14	20	8
46	80	96	89	28	73	97	52	94	21
53	79	35	54	12	91	78	34	95	68
59	32	98	76	88	63	39	4	65	100

时间 _____

14	76	12	93	25	80	18	100	21	28
49	34	99	86	74	10	54	83	53	13
17	44	77	97	63	57	47	98	51	82
27	32	60	7	84	15	85	24	22	73
46	58	70	90	88	55	50	79	2	61
19	62	59	37	65	66	4	64	96	20
78	43	69	8	3	41	29	11	89	67
5	38	23	40	35	87	1	72	31	26
92	48	30	36	16	68	95	45	52	71
33	6	39	81	94	42	75	56	91	9

时间 _____

51	57	90	59	81	52	36	12	58	34
43	95	15	49	68	6	20	2	13	31
82	19	39	14	35	23	73	83	64	17
18	65	10	67	76	22	33	84	63	70
55	72	16	56	46	78	79	87	47	85
92	21	7	42	41	1	98	50	26	38
45	94	29	100	4	5	61	3	71	74
69	54	62	99	53	44	75	11	40	91
37	28	32	86	30	24	9	96	88	48
80	97	89	77	93	8	27	25	66	60

时间 _____

72	75	55	60	48	31	10	80	38	95
12	13	18	56	43	35	25	67	59	45
91	63	85	84	17	53	7	78	69	5
58	62	34	40	74	8	27	66	97	96
54	3	1	52	99	94	15	14	19	32
2	36	28	51	21	57	92	29	6	42
100	77	30	98	16	65	79	83	93	39
68	87	41	33	90	64	11	4	22	88
46	81	49	82	23	44	26	24	61	9
47	50	20	73	71	37	70	89	86	76

时间 _____

19	40	93	35	61	69	81	67	33	21
38	41	2	100	79	14	52	7	48	74
24	32	70	47	18	50	84	96	44	27
66	34	53	88	22	46	15	49	98	4
71	37	9	83	62	92	39	25	77	45
13	85	60	11	90	55	28	75	16	5
76	95	65	99	3	56	43	42	80	59
30	68	23	57	72	36	20	12	63	64
89	6	58	17	97	51	94	26	78	54
91	29	8	10	82	1	31	86	73	87

时间 _____

99	20	72	90	15	21	41	12	73	42
4	14	8	22	18	78	26	95	46	79
7	1	69	53	50	77	16	74	80	39
24	85	40	57	23	30	48	27	75	5
29	87	83	47	38	19	25	51	49	82
43	59	58	52	35	86	6	63	88	93
10	84	56	54	61	36	92	44	13	71
98	94	3	100	70	96	33	9	65	45
89	97	76	11	68	55	60	28	37	17
81	62	34	2	66	91	67	31	64	32

时间 _____

44	72	71	75	31	88	64	96	40	100
94	97	84	21	42	37	73	74	93	77
45	82	83	80	62	79	86	25	5	4
13	16	53	39	19	70	2	52	92	12
54	90	98	85	69	76	65	22	8	60
14	50	66	32	95	41	99	48	68	33
3	11	46	28	89	49	55	27	47	56
35	34	36	1	91	61	17	81	18	15
23	29	67	9	51	6	57	38	7	24
87	58	63	43	78	26	30	59	10	20

时间 _____

5	80	13	8	22	56	26	15	33	12
54	16	47	38	81	61	52	11	20	89
74	60	84	27	68	39	6	69	17	88
24	1	21	42	58	83	66	57	59	10
43	30	48	71	25	51	40	19	46	87
76	67	79	49	37	91	92	23	98	18
31	4	14	62	3	63	29	82	97	99
100	41	45	65	90	70	75	96	86	95
36	50	28	55	32	73	64	78	44	9
94	72	77	93	53	7	35	34	85	2

时间 _____

82	29	93	30	96	5	28	87	100	43
56	90	85	49	81	92	2	11	73	53
70	20	8	45	1	95	69	65	61	64
18	14	37	98	33	67	47	63	26	40
99	44	16	76	19	46	10	41	78	35
17	59	9	38	15	6	51	88	62	75
55	86	25	23	31	54	89	66	27	12
58	4	42	60	39	74	52	84	32	68
21	50	24	3	80	57	83	7	94	36
48	77	13	91	72	71	79	34	22	97

时间 _____

16	82	51	9	11	63	94	90	99	66
14	6	80	34	67	76	20	39	70	48
43	35	28	7	73	24	13	5	36	92
59	25	77	75	60	40	98	45	71	95
33	72	23	4	58	18	47	85	37	84
19	3	56	42	32	38	31	22	83	91
97	64	26	86	88	79	87	81	46	12
2	27	29	52	65	57	41	93	21	1
50	61	10	55	100	96	49	62	8	54
44	69	89	68	78	15	74	53	30	17

时间 _____

29	5	91	94	80	79	77	22	3	36
96	78	25	74	51	90	11	14	13	47
28	44	4	58	39	69	85	82	24	99
65	40	7	21	89	92	49	33	43	32
37	86	59	31	62	23	72	57	93	84
100	17	98	6	10	42	19	73	68	95
56	34	64	71	41	16	81	54	30	76
26	50	45	83	53	20	8	75	88	2
87	1	61	48	60	38	9	52	63	12
18	46	70	35	15	97	66	67	55	27

时间 _____

41	84	56	71	74	20	90	44	31	65
86	87	3	27	12	89	66	99	100	91
32	85	97	11	62	68	18	45	64	76
16	81	77	83	61	23	21	4	17	36
46	13	37	24	98	14	7	96	92	15
54	95	33	9	10	94	57	58	75	43
70	73	29	47	69	52	59	19	50	88
42	6	48	25	49	28	82	53	30	72
22	93	63	39	67	60	38	51	26	1
55	2	35	5	8	79	78	34	40	80

时间 _____

20	93	49	56	96	76	7	58	60	55
11	52	87	94	88	50	28	97	45	37
36	79	13	78	65	40	75	99	46	31
66	5	64	24	81	91	32	84	33	57
83	22	98	3	68	34	10	43	6	80
21	2	89	15	41	16	67	100	72	90
85	14	27	4	12	1	38	62	51	82
47	53	77	18	39	54	59	8	48	73
42	35	92	30	25	74	70	26	63	23
71	29	17	44	19	61	69	95	9	86

时间 _____

6	32	28	69	62	85	26	95	16	75
57	21	73	87	20	29	3	60	49	91
41	15	90	8	97	4	94	56	92	81
22	76	65	34	74	72	63	99	66	33
2	10	1	30	86	18	77	80	93	54
11	45	14	35	88	48	42	98	70	38
46	68	53	37	47	50	7	17	61	27
100	19	39	84	89	59	52	36	44	51
9	78	24	55	5	23	12	13	43	25
82	67	31	64	40	79	58	83	96	71

时间 _____

91	24	85	16	64	21	57	32	7	62
74	18	13	8	67	42	95	1	38	99
77	54	3	66	41	59	97	10	71	51
37	4	58	65	34	88	6	78	79	89
19	30	48	49	87	72	45	76	75	35
22	2	25	56	40	20	81	31	9	82
15	50	12	53	98	83	47	44	96	61
14	84	5	52	100	60	26	46	39	69
73	90	23	33	86	94	28	29	92	93
80	11	43	70	36	63	68	27	17	55

时间 _____

65	24	90	84	33	18	71	26	14	76
83	43	99	67	25	80	42	54	1	52
70	77	48	57	27	81	60	69	88	58
8	49	55	37	36	66	7	31	11	74
68	21	86	50	34	9	78	59	15	94
100	16	82	19	46	79	98	38	20	4
22	89	32	85	75	95	39	10	44	64
91	93	6	30	63	13	12	3	97	35
45	23	28	53	73	41	47	17	56	40
5	92	61	72	51	96	62	87	2	29

时间 _____

4	55	16	27	47	68	74	23	44	31
73	7	28	98	83	33	11	25	65	22
72	58	50	34	29	53	62	56	76	92
37	70	63	3	19	79	39	82	81	45
90	91	20	10	46	54	38	78	52	14
64	75	95	51	9	88	69	93	26	13
84	36	97	42	1	43	59	2	87	48
49	96	24	77	100	61	15	5	8	6
21	94	66	60	12	80	71	86	17	30
40	67	32	99	85	57	35	41	18	89

时间 _____

94	10	38	14	17	3	16	80	86	70
1	99	84	42	69	57	20	35	26	29
60	75	97	4	45	51	21	27	74	50
100	15	13	66	64	76	36	90	55	58
52	78	41	5	39	53	91	98	22	95
79	62	68	44	87	43	19	28	93	34
30	82	71	88	56	47	6	33	63	46
89	49	54	83	81	24	37	2	67	96
25	31	9	73	72	77	23	61	48	32
12	11	65	85	8	18	92	40	59	7

时间 _____

3	94	12	26	17	81	98	45	43	79
30	4	50	19	28	78	59	6	93	25
18	58	11	57	33	96	49	95	14	39
22	66	76	54	97	67	34	73	29	88
92	10	63	38	16	44	35	74	55	31
37	82	46	70	32	99	53	91	9	69
23	1	75	68	72	13	83	47	71	86
61	42	27	36	87	89	24	64	7	56
51	84	5	62	90	77	65	60	2	8
20	41	100	40	15	52	48	80	85	21

时间 _____

52	26	59	90	95	19	27	88	20	3
44	80	10	41	36	13	61	76	85	45
1	53	64	94	51	65	55	23	43	96
34	24	6	69	81	77	5	18	99	79
91	84	97	2	29	16	89	46	28	49
72	38	14	30	82	11	21	32	86	54
9	67	93	39	73	7	22	78	70	40
8	17	75	48	35	71	62	74	31	57
42	66	15	63	4	56	33	37	50	92
25	100	60	98	83	87	12	47	68	58

时间 _____

19	51	99	98	35	58	94	64	74	80
37	49	29	40	77	87	10	57	14	17
83	85	20	71	42	59	97	23	92	12
100	26	27	50	62	70	25	5	43	69
30	7	38	9	81	47	34	89	16	86
22	82	65	68	55	24	36	41	66	45
56	8	84	28	67	44	52	48	31	6
21	3	72	54	95	73	15	33	61	11
90	32	1	93	46	78	88	18	2	76
60	63	53	96	39	4	91	75	13	79

时间 _____

54	81	34	44	57	97	17	91	35	89
69	8	84	86	12	25	100	88	75	65
29	5	22	56	48	82	20	78	31	10
90	19	59	37	70	51	14	93	79	63
76	13	68	43	33	62	47	71	39	16
23	46	40	42	36	60	4	24	49	87
41	85	61	27	64	45	73	1	74	58
15	11	52	98	53	96	94	99	55	67
6	30	92	77	50	66	28	80	83	95
32	72	9	7	2	26	18	3	38	21

时间 _____

6	75	91	78	99	27	22	21	8	93
30	71	23	34	14	70	95	87	25	4
28	31	3	7	51	77	66	12	45	82
52	57	69	19	42	9	90	32	47	58
94	64	1	18	38	88	43	98	67	92
62	84	49	83	96	85	20	86	5	26
100	79	10	13	55	65	53	56	76	68
15	74	80	89	59	33	39	72	50	44
40	48	37	24	29	17	35	36	97	81
63	2	11	60	16	41	54	61	73	46

时间 _____

9	73	87	78	83	82	31	32	84	13
71	57	6	30	68	52	74	90	58	99
44	35	16	18	37	94	54	95	96	70
10	56	53	81	91	12	1	34	4	77
26	49	67	39	19	60	8	85	59	63
80	62	42	64	97	22	98	65	14	17
46	2	5	3	40	88	15	89	38	11
55	75	43	92	66	7	36	86	93	25
61	47	24	79	72	23	27	41	100	50
48	20	69	29	28	76	45	33	51	21

时间 _____

13	94	97	17	99	4	46	35	23	45
16	58	65	95	25	42	30	24	34	44
83	68	7	85	48	49	8	27	18	98
52	87	69	59	10	41	57	61	92	80
63	62	84	79	75	5	71	88	33	60
72	14	100	96	81	29	53	12	78	3
32	39	28	20	77	22	76	82	31	56
73	54	40	43	91	9	55	38	37	26
47	74	2	21	15	89	36	50	66	93
1	90	51	64	70	19	86	67	11	6

时间 _____

29	12	77	16	21	66	98	86	74	13
43	49	37	73	59	65	55	20	32	99
95	85	60	15	76	11	23	31	35	53
18	54	92	41	83	33	42	7	6	67
62	34	14	2	56	17	48	63	40	72
3	64	36	89	80	58	91	24	39	4
87	9	75	27	28	69	78	93	71	5
47	70	1	82	81	19	8	30	45	22
88	52	51	79	84	94	97	57	50	46
25	44	96	26	100	10	61	38	68	90

时间 _____

45	69	80	94	52	9	7	48	1	57
30	97	66	59	6	16	91	89	63	62
65	28	92	33	78	51	74	32	56	81
98	64	79	12	36	15	20	100	85	25
58	55	19	73	54	53	5	82	38	47
99	31	29	60	95	11	93	40	8	72
13	70	10	77	88	87	24	67	44	26
17	37	68	21	76	34	61	84	90	41
96	23	22	2	4	3	18	50	71	75
49	35	83	43	39	14	46	42	86	27

时间 _____

97	42	98	74	66	11	16	47	15	25
34	14	64	85	81	75	12	24	36	93
52	65	87	6	72	53	68	57	76	63
22	77	28	69	13	56	62	78	88	61
89	40	10	83	2	50	99	38	3	44
92	33	37	100	1	39	84	29	79	18
96	5	94	21	82	19	55	26	45	31
54	86	4	43	35	59	91	46	51	30
48	9	27	71	32	95	90	73	58	8
23	60	20	80	41	17	7	67	70	49

时间 _____

16	77	88	4	43	30	38	68	93	10
14	21	39	54	94	49	70	35	75	25
99	84	15	98	71	45	29	31	18	79
60	63	20	62	41	34	96	87	65	92
57	2	13	17	22	56	1	12	100	83
52	55	73	8	85	3	78	66	9	5
19	90	24	86	33	6	80	28	64	82
42	74	95	61	97	47	51	76	11	67
91	36	89	69	27	23	7	50	26	32
72	48	37	59	40	44	53	46	58	81

时间 _____

87	24	94	43	85	2	1	15	42	58
82	59	8	67	95	75	21	5	14	65
45	70	57	63	84	56	25	61	46	88
17	72	81	39	26	31	86	20	60	71
91	27	35	96	13	44	18	32	34	80
54	9	33	98	49	52	68	64	12	79
37	66	90	36	16	40	69	3	93	100
73	29	22	99	4	53	55	23	74	47
78	77	89	97	19	11	62	7	76	50
38	30	10	28	6	51	92	83	48	41

时间 _____

30	52	74	57	42	83	63	17	12	96
51	73	94	11	89	10	62	4	68	23
47	41	44	84	29	27	92	24	95	87
58	56	16	25	8	79	98	28	60	72
38	45	37	13	99	77	2	50	5	78
35	9	26	88	59	36	76	66	49	75
40	34	54	90	100	21	18	64	39	20
70	33	81	91	32	55	19	71	48	46
22	65	93	1	85	15	86	3	82	31
67	6	97	80	14	7	53	43	61	69

时间 _____

65	67	56	78	45	55	11	84	28	31
66	22	90	7	25	38	6	32	13	40
54	52	18	48	87	21	35	97	74	43
3	26	76	72	12	1	57	33	58	82
17	68	15	19	42	10	27	73	8	64
100	80	49	30	41	79	39	47	62	50
85	59	99	94	88	89	92	24	95	61
53	63	69	29	9	44	20	5	4	86
14	70	77	51	2	23	83	60	37	71
81	98	96	93	75	36	34	91	16	46

时间 _____

10	49	69	77	88	45	19	63	70	27
44	72	31	97	81	54	38	4	74	12
40	68	28	66	33	100	82	26	21	3
32	42	65	73	85	50	18	51	67	86
24	91	11	75	35	93	95	56	80	2
59	5	15	55	57	23	98	99	30	39
41	22	43	60	7	48	84	64	83	90
71	34	53	20	47	92	17	1	87	78
58	96	6	16	36	79	9	29	52	8
37	14	13	46	62	61	25	76	89	94

时间 _____

10	57	35	98	64	72	75	52	20	56
95	62	47	53	78	80	91	74	86	61
11	65	9	33	4	42	97	46	37	29
79	54	100	25	36	23	81	13	69	70
1	44	26	15	50	93	73	99	55	76
19	71	5	63	41	6	43	45	85	49
31	96	3	92	48	12	8	16	77	21
67	51	30	59	87	14	68	90	2	82
58	17	22	40	38	60	39	7	18	28
66	32	89	94	34	24	27	84	83	88

舒尔特专注力训练游戏 ④

色彩干扰图练习

初级

编著 王颖

民主与建设出版社
北京

© 民主与建设出版社，2022

图书在版编目(CIP)数据

舒尔特专注力训练游戏：全7册 / 王颖编著 .--北京：民主与建设出版社，2022.11
 ISBN 978-7-5139-4028-3

Ⅰ.①舒… Ⅱ.①王… Ⅲ.①注意－能力培养－通俗读物 Ⅳ.①B842.3-49

中国版本图书馆 CIP 数据核字（2022）第216054号

舒尔特专注力训练游戏（全7册）
SHU'ERTE ZHUANZHULI XUNLIAN YOUXI QUAN7CE

编　　著	王　颖
责任编辑	刘树民
封面设计	关欣竹
出版发行	民主与建设出版社有限责任公司
电　　话	（010）59417747　59419778
社　　址	北京市海淀区西三环中路10号望海楼E座7层
邮　　编	100142
印　　刷	唐山才智印刷有限公司
版　　次	2022 年11月第1版
印　　次	2022 年12月第1次印刷
开　　本	787 毫米×1092毫米　1/16
印　　张	25.75
字　　数	70千字
书　　号	ISBN 978-7-5139-4028-3
定　　价	168.00 元

注：如有印、装质量问题，请与出版社联系。

舒尔特方格

舒尔特方格是世界公认的简单、有效、科学的注意力训练方法。设计之初是用来训练、考核飞行员的专注力。随着专注力的重要性被越来越多的人意识到，舒尔特方格也逐渐走进大众的视野。

早在19世纪，马克思根据自己的切身经历提出了"天才就是集中注意力"的著名论断，同时法国著名生物学家乔治·居维叶也说"天才，首先是注意力"。孩子学习路上最大的拦路虎就是专注力不够，上课集中注意力时间短、不能遵守课堂纪律、写作业速度慢等都是专注力差的表现。而专注力经过系统的培养和矫正是可以改善的，这也是舒尔特方格被大众认可的原因。

本系列图书在传统舒尔特数字方格的基础上融入字母、色彩、文字、图形等多个元素，根据难易程度设置层级。激发孩子兴趣的同时，让孩子通过科学系统的练习，循序渐进，完成专注力的提升。

舒尔特方格色彩干扰图练习方法：

例：从左向右按顺序说出每个方格内字的颜色（注意是字的颜色不是字代表的颜色），如第一行正确的读法是绿蓝红。整个过程诵读出声，由他人记录所用时间和错误数，并与此前测试结果进行比对，时间越短错误越少越优。	黄	蓝	黑
	绿	黑	红
	红	蓝	绿

注意事项：

1. 眼睛距表30-35厘米，视点自然放在表的中心；
2. 在所有字符全部清晰入目的前提下进行；
3. 每看完一个表，眼睛稍作休息，或闭目，或做眼保健操；
4. 练习初期不考虑记忆因素，每天看5-8个表即可。

时间：_____ 错误：_____

黑	紫	蓝
红	黄	紫
黄	蓝	绿

时间：_____ 错误：_____

黄	红	绿
蓝	绿	紫
紫	黄	红

时间：_____ 错误：_____

黄	紫	红
蓝	绿	黄
绿	紫	黑

时间：_____ 错误：_____

黄	紫	黑
绿	黄	紫
蓝	黄	红

时间：_____ 错误：_____

蓝	绿	紫
黑	紫	黄
红	绿	蓝

时间：_____ 错误：_____

黄	紫	黑
蓝	绿	紫
黑	黄	红

时间：_____　错误：_____

黑	绿	紫
紫	黄	红
绿	紫	蓝

时间：_____　错误：_____

红	紫	黑
绿	紫	黄
黄	红	蓝

时间：_____　错误：_____

黄	红	紫
蓝	黄	绿
紫	绿	蓝

时间：_____　错误：_____

黄	紫	黑
蓝	绿	黄
绿	紫	蓝

时间：_____　错误：_____

紫	黄	红
黄	绿	紫
蓝	紫	黑

时间：_____　错误：_____

绿	紫	黄
紫	红	蓝
蓝	绿	黑

时间：_____　错误：_____

紫	黑	蓝
绿	紫	黄
黑	黄	红

时间：_____　错误：_____

红	紫	蓝
绿	红	黄
黑	绿	紫

时间：_____　错误：_____

紫	黑	红
绿	蓝	紫
红	黄	蓝

时间：_____　错误：_____

蓝	红	紫
绿	紫	黑
黄	绿	黄

时间：_____　错误：_____

黄	红	绿
红	蓝	紫
绿	紫	黑

时间：_____　错误：_____

蓝	绿	红
紫	黄	蓝
绿	红	紫

时间：_____ 错误：_____

蓝	红	黑
黄	绿	蓝
红	紫	黄

时间：_____ 错误：_____

红	紫	蓝
黄	红	绿
紫	黄	黑

时间：_____ 错误：_____

黑	红	绿
黄	蓝	紫
绿	黄	红

时间：_____ 错误：_____

黄	红	黑
紫	蓝	绿
黑	绿	紫

时间：_____ 错误：_____

绿	蓝	红
紫	黑	蓝
红	黄	紫

时间：_____ 错误：_____

红	绿	紫
蓝	紫	黄
黑	红	蓝

时间：_____ 错误：_____

紫	黑	绿
红	黄	蓝
黑	蓝	紫

时间：_____ 错误：_____

紫	黄	绿
绿	红	黑
蓝	绿	黄

时间：_____ 错误：_____

紫	黑	绿
红	黄	蓝
蓝	绿	紫

时间：_____ 错误：_____

蓝	紫	黑
黄	红	蓝
绿	黑	紫

时间：_____ 错误：_____

黄	红	黑
紫	黑	黄
红	蓝	绿

时间：_____ 错误：_____

紫	黑	红
黄	蓝	黄
绿	红	蓝

时间：_____ 错误：_____

黑	绿	蓝
紫	黄	红
绿	蓝	紫

时间：_____ 错误：_____

黑	黄	紫
蓝	红	绿
黄	紫	黑

时间：_____ 错误：_____

红	绿	黑
紫	黄	蓝
绿	红	黄

时间：_____ 错误：_____

黄	绿	红
紫	蓝	黑
红	黑	黄

时间：_____ 错误：_____

紫	黑	红
红	黄	蓝
绿	蓝	紫

时间：_____ 错误：_____

红	黑	黄
蓝	紫	黑
黄	红	蓝

时间：_____ 错误：_____

紫	黑	红
黄	绿	黄
蓝	红	紫

时间：_____ 错误：_____

红	紫	黑
黄	绿	紫
蓝	黄	红

时间：_____ 错误：_____

黄	绿	黑
蓝	紫	红
绿	红	紫

时间：_____ 错误：_____

紫	绿	红
黄	黑	蓝
红	黄	绿

时间：_____ 错误：_____

红	紫	黄
黄	绿	紫
蓝	红	黑

时间：_____ 错误：_____

黄	红	黑
紫	黑	黄
绿	紫	红

时间：_____ 错误：_____

紫	红	黄
黑	绿	蓝
红	蓝	紫

时间：_____ 错误：_____

红	紫	黑
黄	黑	绿
紫	绿	蓝

时间：_____ 错误：_____

黑	紫	红
蓝	黄	黑
紫	绿	黄

时间：_____ 错误：_____

蓝	紫	黑
红	黑	绿
黄	紫	蓝

时间：_____ 错误：_____

黄	绿	红
绿	紫	绿
蓝	黄	黑

时间：_____ 错误：_____

绿	黑	蓝
黄	紫	红
蓝	红	黄

时间：_____　错误：_____

黄	紫	绿
蓝	红	黑
绿	黄	紫

时间：_____　错误：_____

蓝	黄	红
黑	紫	黄
紫	绿	蓝

时间：_____　错误：_____

紫	红	绿
黄	蓝	黑
蓝	黑	紫

时间：_____　错误：_____

黄	黑	绿
蓝	紫	黄
黄	红	黑

时间：_____　错误：_____

黄	黑	绿
绿	紫	蓝
黑	黄	红

时间：_____　错误：_____

黄	红	蓝
紫	绿	黑
绿	黄	红

时间：_____ 错误：_____

黑	紫	黄
紫	绿	蓝
蓝	黄	红

时间：_____ 错误：_____

黄	紫	黑
蓝	黑	紫
绿	红	黄

时间：_____ 错误：_____

紫	黑	黄
红	紫	绿
蓝	黄	红

时间：_____ 错误：_____

蓝	紫	红
黄	绿	蓝
蓝	黄	黑

时间：_____ 错误：_____

黄	红	黑
紫	绿	蓝
绿	黄	紫

时间：_____ 错误：_____

黄	红	紫
绿	黑	红
蓝	紫	黑

时间：_____　错误：_____

绿	紫	黑
红	绿	蓝
黄	黑	红

时间：_____　错误：_____

黄	红	绿
蓝	紫	黄
红	绿	黑

时间：_____　错误：_____

黄	红	紫
绿	黑	蓝
紫	黄	红

时间：_____　错误：_____

红	紫	蓝
绿	红	黑
蓝	绿	黄

时间：_____　错误：_____

黄	红	绿
紫	黑	蓝
绿	黄	红

时间：_____　错误：_____

红	紫	黄
蓝	黑	绿
绿	黄	紫

时间：_____ 错误：_____

红	紫	绿
绿	蓝	黄
黑	红	紫

时间：_____ 错误：_____

紫	黄	红
蓝	黑	绿
红	紫	黄

时间：_____ 错误：_____

黑	红	黄
黄	紫	红
蓝	黑	绿

时间：_____ 错误：_____

紫	蓝	绿
红	紫	黄
黑	黄	红

时间：_____ 错误：_____

红	绿	紫
黑	蓝	红
黄	红	黑

时间：_____ 错误：_____

绿	红	蓝
黑	黄	紫
黄	蓝	红

时间：_____ 错误：_____

黄	绿	黑
红	紫	红
黑	蓝	绿

时间：_____ 错误：_____

红	黑	紫
黄	绿	蓝
紫	红	黑

时间：_____ 错误：_____

黑	紫	红
紫	绿	黄
黄	绿	蓝

时间：_____ 错误：_____

紫	红	黄
绿	黑	蓝
红	紫	绿

时间：_____ 错误：_____

紫	黄	蓝
红	绿	黑
黄	紫	红

时间：_____ 错误：_____

黑	黄	蓝
紫	蓝	绿
黄	红	黑

时间：_____ 错误：_____

紫	黑	绿
红	绿	黄
黄	紫	蓝

时间：_____ 错误：_____

紫	红	黑
绿	黄	紫
蓝	黑	绿

时间：_____ 错误：_____

红	蓝	绿
黄	黑	紫
蓝	紫	红

时间：_____ 错误：_____

绿	黑	红
黄	紫	蓝
蓝	黄	绿

时间：_____ 错误：_____

红	绿	黄
蓝	紫	黑
黄	红	绿

时间：_____ 错误：_____

紫	蓝	黑
绿	黄	红
黑	蓝	紫

时间：_____ 错误：_____

红	紫	黑
黄	绿	蓝
紫	黄	红

时间：_____ 错误：_____

紫	黑	红
绿	蓝	黄
黑	紫	绿

时间：_____ 错误：_____

蓝	红	黑
绿	黄	紫
红	黑	蓝

时间：_____ 错误：_____

黄	红	蓝
紫	黑	绿
红	蓝	黄

时间：_____ 错误：_____

黑	黄	红
紫	蓝	绿
黄	红	黑

时间：_____ 错误：_____

绿	红	蓝
黄	紫	黑
蓝	绿	黄

时间：_____ 错误：_____

绿	紫	黑
蓝	红	黄
紫	黑	绿

时间：_____ 错误：_____

黄	红	绿
紫	黑	蓝
红	绿	黄

时间：_____ 错误：_____

蓝	黄	红
绿	紫	黑
黄	绿	蓝

时间：_____ 错误：_____

黑	黄	红
紫	蓝	绿
红	黑	黄

时间：_____ 错误：_____

蓝	黄	红
绿	紫	黑
黄	红	蓝

时间：_____ 错误：_____

绿	黄	红
紫	黑	蓝
黄	红	绿

时间：_____　错误：_____

红	紫	蓝
黄	绿	黄
蓝	黄	红

时间：_____　错误：_____

紫	蓝	红
绿	黄	黑
蓝	红	紫

时间：_____　错误：_____

蓝	黄	黑
红	绿	紫
黑	蓝	红

时间：_____　错误：_____

黄	红	蓝
紫	黑	绿
蓝	绿	红

时间：_____　错误：_____

黄	红	绿
蓝	紫	黑
紫	蓝	黄

时间：_____　错误：_____

红	蓝	黄
绿	红	紫
黄	紫	黑

时间：_____　错误：_____

紫	蓝	黑
蓝	黄	紫
黄	绿	红

时间：_____　错误：_____

红	紫	蓝
绿	黄	黑
黄	蓝	黄

时间：_____　错误：_____

蓝	紫	黑
红	绿	红
黄	蓝	紫

时间：_____　错误：_____

蓝	黄	紫
红	黑	绿
紫	蓝	黄

时间：_____　错误：_____

黄	红	蓝
绿	紫	黑
蓝	黑	黄

时间：_____　错误：_____

紫	蓝	黄
绿	紫	红
黄	红	绿

时间：_____　错误：_____

绿	紫	黑
紫	蓝	黄
红	黄	绿

时间：_____　错误：_____

紫	黄	红
红	黑	紫
蓝	绿	黄

时间：_____　错误：_____

蓝	黄	黑
紫	黑	绿
红	紫	蓝

时间：_____　错误：_____

蓝	红	紫
紫	黑	绿
绿	黄	蓝

时间：_____　错误：_____

黄	红	紫
蓝	绿	黑
紫	黑	红

时间：_____　错误：_____

紫	蓝	黄
红	黑	蓝
蓝	黄	红

时间：_____ 错误：_____

紫	黑	绿
蓝	黄	黑
黄	红	紫

时间：_____ 错误：_____

黑	黄	绿
紫	红	黑
绿	蓝	黄

时间：_____ 错误：_____

紫	蓝	黄
绿	紫	黑
蓝	黄	红

时间：_____ 错误：_____

紫	黑	绿
黑	紫	黄
蓝	绿	红

时间：_____ 错误：_____

蓝	黄	黑
紫	黑	红
红	蓝	绿

时间：_____ 错误：_____

绿	蓝	黄
红	黑	紫
黄	绿	红

时间：_____　错误：_____

红	绿	紫
黄	蓝	黑
蓝	黄	绿

时间：_____　错误：_____

黑	蓝	黄
红	紫	绿
蓝	黄	黑

时间：_____　错误：_____

紫	绿	蓝
红	紫	黑
蓝	黄	绿

时间：_____　错误：_____

绿	黄	红
紫	黑	黄
红	蓝	绿

时间：_____　错误：_____

黑	蓝	紫
红	黄	绿
紫	蓝	黄

时间：_____　错误：_____

蓝	红	紫
绿	黄	红
黑	紫	蓝

时间：_____ 错误：_____

蓝	黄	绿
黑	紫	黄
黄	红	蓝

时间：_____ 错误：_____

黑	绿	紫
黄	红	蓝
紫	绿	黄

时间：_____ 错误：_____

紫	红	黑
绿	蓝	黄
黑	黄	紫

时间：_____ 错误：_____

绿	紫	黑
黄	红	紫
黑	蓝	黄

时间：_____ 错误：_____

绿	紫	黑
黄	蓝	紫
黑	红	绿

时间：_____ 错误：_____

红	蓝	紫
黑	绿	红
紫	黄	黑

时间：_____ 错误：_____

紫	黄	绿
红	绿	蓝
蓝	黑	黄

时间：_____ 错误：_____

蓝	紫	黑
黄	蓝	紫
绿	黄	红

时间：_____ 错误：_____

蓝	红	黄
绿	紫	绿
黄	黑	蓝

时间：_____ 错误：_____

黄	绿	紫
绿	紫	红
黑	黄	蓝

时间：_____ 错误：_____

蓝	紫	黑
紫	绿	黄
红	黄	蓝

时间：_____ 错误：_____

蓝	红	蓝
黑	绿	紫
黄	紫	黑

时间：_____　错误：_____

红	紫	黑
黄	绿	红
蓝	黄	紫

时间：_____　错误：_____

紫	黑	绿
红	蓝	黄
黑	黄	黑

时间：_____　错误：_____

紫	绿	黑
红	黄	紫
黑	黑	绿

时间：_____　错误：_____

蓝	红	蓝
黄	黑	绿
红	紫	红

时间：_____　错误：_____

蓝	黑	黄
红	紫	绿
黑	红	蓝

时间：_____　错误：_____

黄	红	蓝
绿	黄	黑
蓝	紫	黄

时间：_____　　错误：_____

紫	蓝	黄	红
黄	红	紫	黑
红	黄	绿	紫
绿	蓝	黑	红

时间：_____　　错误：_____

黄	紫	黑	红
蓝	绿	紫	黄
蓝	黄	绿	紫
紫	黑	黄	红

时间：_____　　错误：_____

蓝	黄	黑	绿
紫	黄	绿	黄
红	黄	蓝	黑
紫	黑	黄	紫

时间：_____　　错误：_____

绿	红	紫	黑
黄	紫	黑	紫
红	绿	紫	绿
黄	蓝	黄	紫

时间：_____　　错误：_____

紫	黑	黄	红
绿	蓝	黄	黄
黄	绿	紫	黑
红	黄	绿	紫

时间：_____　　错误：_____

黄	红	紫	黑
蓝	黄	绿	紫
紫	黑	黄	红
蓝	黄	紫	绿

时间：_____　错误：_____

紫	蓝	黄	红
黄	红	紫	黑
红	黄	绿	紫
绿	蓝	黑	红

时间：_____　错误：_____

黄	紫	黑	红
蓝	绿	紫	黄
蓝	黄	绿	紫
紫	黑	黄	红

时间：_____　错误：_____

蓝	黄	黑	绿
紫	黄	绿	黄
红	黄	蓝	黑
紫	黑	黄	紫

时间：_____　错误：_____

绿	红	紫	黑
黄	紫	黑	紫
红	绿	紫	绿
黄	蓝	黄	紫

时间：_____　错误：_____

紫	黑	黄	红
绿	蓝	黄	黄
黄	绿	紫	黑
红	黄	绿	紫

时间：_____　错误：_____

黄	红	紫	黑
蓝	黄	绿	紫
紫	黑	黄	红
蓝	黄	紫	绿

时间：_____　错误：_____

紫	蓝	黄	红
黄	红	紫	黑
红	黄	绿	紫
绿	蓝	黑	红

时间：_____　错误：_____

黄	紫	黑	红
黑	绿	紫	黄
蓝	黄	绿	紫
紫	黑	黄	红

时间：_____　错误：_____

蓝	黄	黑	绿
紫	红	绿	黄
红	黄	蓝	黑
紫	黑	黄	紫

时间：_____　错误：_____

绿	红	紫	黑
黄	紫	黑	红
红	绿	紫	黄
黄	蓝	绿	紫

时间：_____　错误：_____

紫	黑	黄	红
绿	蓝	黄	绿
黄	绿	紫	黑
红	黄	绿	紫

时间：_____　错误：_____

黄	红	紫	黑
蓝	红	绿	紫
紫	黑	黄	红
蓝	黄	紫	绿

时间: _____ 错误: _____

紫	蓝	黄	红
黄	红	紫	黑
红	黄	绿	紫
绿	蓝	黑	绿

时间: _____ 错误: _____

黄	紫	黑	红
蓝	绿	红	黄
黄	紫	绿	黑
紫	黑	黄	红

时间: _____ 错误: _____

蓝	黄	黑	绿
紫	红	绿	黄
红	黄	蓝	黑
紫	黑	黄	紫

时间: _____ 错误: _____

绿	红	黄	黑
黄	紫	黑	红
蓝	绿	红	绿
黄	蓝	绿	紫

时间: _____ 错误: _____

紫	黑	黄	红
绿	蓝	红	黄
黄	绿	紫	黑
红	黄	绿	紫

时间: _____ 错误: _____

黄	红	紫	黑
蓝	黄	绿	紫
紫	黑	黄	红
蓝	黄	紫	绿

时间：_____　错误：_____

紫	黄	黑	红
绿	红	紫	黄
黄	绿	蓝	红
黑	蓝	黄	绿

时间：_____　错误：_____

红	蓝	绿	紫
紫	红	黄	蓝
绿	黄	黑	红
黄	蓝	绿	黑

时间：_____　错误：_____

绿	黄	黑	黄
黄	紫	蓝	黑
红	绿	绿	紫
黄	蓝	黄	紫

时间：_____　错误：_____

绿	蓝	紫	黑
黄	红	黄	紫
红	黄	红	绿
黄	蓝	绿	紫

时间：_____　错误：_____

黑	黄	蓝	绿
黄	紫	红	黑
绿	红	黄	紫
紫	黄	红	绿

时间：_____　错误：_____

黄	红	黑	蓝
黄	紫	蓝	黄
紫	绿	黄	红
绿	黄	紫	红

时间：_____　错误：_____

黄	绿	黄	黑
黄	红	紫	黑
红	黄	绿	紫
蓝	黄	红	黑

时间：_____　错误：_____

红	紫	蓝	黑
紫	黄	红	紫
绿	红	黄	绿
蓝	绿	蓝	紫

时间：_____　错误：_____

黑	紫	红	绿
紫	黄	蓝	黄
绿	红	紫	红
紫	绿	蓝	黄

时间：_____　错误：_____

蓝	紫	黄	蓝
红	黑	紫	绿
黄	紫	绿	黄
蓝	黄	蓝	黑

时间：_____　错误：_____

黑	黄	蓝	黑
紫	黑	红	紫
绿	紫	黄	蓝
紫	黄	红	黄

时间：_____　错误：_____

黄	紫	红	黑
紫	黄	黑	黄
绿	红	紫	绿
蓝	绿	红	黄

时间：_____ 错误：_____

红	黑	紫	红
黄	绿	黄	紫
紫	蓝	黄	黑
红	黄	紫	黄

时间：_____ 错误：_____

黄	黑	蓝	黄
红	绿	紫	蓝
黄	蓝	红	绿
黑	黄	紫	红

时间：_____ 错误：_____

黄	红	蓝	黑
蓝	黄	蓝	紫
紫	黑	黄	蓝
蓝	黄	红	黄

时间：_____ 错误：_____

紫	红	蓝	黄
黑	紫	黄	红
蓝	绿	红	黄
绿	蓝	紫	黑

时间：_____ 错误：_____

黄	蓝	绿	黄
紫	绿	黄	紫
绿	黄	红	绿
蓝	黑	黄	蓝

时间：_____ 错误：_____

黑	蓝	红	蓝
绿	紫	黄	红
蓝	红	绿	紫
黄	紫	黄	黑

时间：_____ 错误：_____

黑	紫	黄	红
紫	黑	蓝	紫
绿	红	黄	绿
黄	蓝	黑	蓝

时间：_____ 错误：_____

黄	蓝	紫	黑
绿	紫	蓝	红
红	黄	黑	绿
蓝	黑	绿	黄

时间：_____ 错误：_____

紫	黄	黑	紫
黑	黄	红	绿
黄	紫	绿	黑
紫	绿	黄	蓝

时间：_____ 错误：_____

黄	绿	红	紫
紫	黑	绿	黑
绿	红	黑	紫
黑	绿	黄	蓝

时间：_____ 错误：_____

紫	红	黄	绿
绿	黑	紫	黄
黄	紫	绿	黑
黑	红	黑	绿

时间：_____ 错误：_____

黑	蓝	黄	红
蓝	黑	绿	黄
紫	黄	红	蓝
黄	紫	蓝	绿

时间：_____　错误：_____

黑	紫	黄	绿
红	蓝	绿	红
紫	绿	红	黑
黄	黑	蓝	紫

时间：_____　错误：_____

黄	黑	紫	红
紫	红	蓝	黑
红	黄	黑	绿
绿	紫	黄	蓝

时间：_____　错误：_____

蓝	红	黄	紫
紫	绿	黑	蓝
黑	蓝	紫	绿
绿	黑	红	黄

时间：_____　错误：_____

红	紫	黑	蓝
黄	蓝	绿	红
蓝	绿	黄	黑
绿	黑	紫	黄

时间：_____　错误：_____

黑	红	蓝	黄
绿	黄	红	紫
紫	蓝	黑	红
蓝	绿	黄	黑

时间：_____　错误：_____

黑	黄	蓝	红
蓝	黑	绿	黄
黄	紫	红	蓝
紫	红	黑	绿

时间：_____ 错误：_____

绿	红	黑	蓝
黄	黑	红	绿
紫	蓝	黄	黑
黑	黄	蓝	紫

时间：_____ 错误：_____

黄	黑	红	紫
紫	红	黑	绿
红	黄	蓝	黑
绿	蓝	黄	红

时间：_____ 错误：_____

红	绿	紫	黑
绿	蓝	黑	红
蓝	紫	绿	黄
黑	黄	红	蓝

时间：_____ 错误：_____

紫	黑	蓝	黄
黑	蓝	紫	绿
黄	绿	黑	红
红	黄	绿	紫

时间：_____ 错误：_____

蓝	黄	紫	黑
黄	蓝	绿	红
绿	紫	黑	黄
黑	绿	黄	蓝

时间：_____ 错误：_____

蓝	红	紫	绿
紫	绿	蓝	黄
绿	蓝	红	黑
红	黄	绿	紫

时间：_____ 错误：_____

黄	红	黑	紫
红	黑	紫	黄
黑	黄	蓝	绿
蓝	绿	黄	红

时间：_____ 错误：_____

紫	蓝	黑	红
绿	红	黄	黑
黑	黄	红	绿
红	绿	蓝	紫

时间：_____ 错误：_____

黑	绿	紫	蓝
红	黑	绿	黄
黄	紫	黑	绿
蓝	黄	红	黑

时间：_____ 错误：_____

绿	黄	紫	蓝
黄	黑	红	绿
紫	绿	蓝	黑
黑	紫	红	黄

时间：_____ 错误：_____

蓝	黑	黄	红
绿	红	紫	黑
黑	黄	红	绿
紫	蓝	绿	黄

时间：_____ 错误：_____

紫	蓝	黄	黑
绿	黄	紫	红
黄	绿	红	蓝
红	黑	绿	紫

时间：_____　错误：_____

黄	紫	绿	黑
紫	绿	黄	蓝
红	黑	紫	绿
绿	黄	红	紫

时间：_____　错误：_____

绿	黄	黑	蓝
黄	蓝	紫	红
紫	黑	黄	绿
黑	绿	红	黄

时间：_____　错误：_____

紫	黑	黄	绿
黑	红	紫	黄
绿	黄	红	紫
蓝	紫	绿	黑

时间：_____　错误：_____

黄	红	黑	绿
绿	黑	红	黄
红	绿	紫	蓝
黑	黄	蓝	紫

时间：_____　错误：_____

紫	黄	蓝	黑
红	黑	紫	绿
黄	绿	黑	蓝
黑	紫	绿	红

时间：_____　错误：_____

红	蓝	黄	紫
绿	红	紫	黑
蓝	黑	红	绿
黑	紫	绿	红

时间：_____　错误：_____

黑	黄	绿	红
红	紫	黑	蓝
黄	红	蓝	黑
蓝	绿	紫	黄

时间：_____　错误：_____

蓝	紫	黑	红
红	黄	紫	绿
黑	绿	黄	蓝
紫	红	蓝	黑

时间：_____　错误：_____

黑	紫	蓝	绿
蓝	绿	红	黑
绿	黑	黄	紫
紫	蓝	黑	红

时间：_____　错误：_____

黄	绿	黑	蓝
紫	黄	红	黑
红	紫	黄	绿
绿	黑	蓝	紫

时间：_____　错误：_____

绿	紫	红	黑
黄	绿	蓝	红
蓝	黑	黄	紫
黑	黄	紫	蓝

时间：_____　错误：_____

紫	黑	绿	黄
黄	蓝	黑	红
绿	紫	蓝	黑
红	黄	紫	蓝

时间：_____ 错误：_____

黄	蓝	黑	绿
紫	绿	红	黄
蓝	红	黄	黑
绿	黑	蓝	紫

时间：_____ 错误：_____

红	黑	绿	蓝
黑	红	黄	紫
绿	紫	蓝	黄
黄	蓝	紫	绿

时间：_____ 错误：_____

紫	红	黄	绿
黄	黑	绿	紫
绿	蓝	红	黑
红	黄	黑	蓝

时间：_____ 错误：_____

紫	红	黄	绿
黄	绿	红	紫
绿	紫	蓝	红
蓝	黑	绿	黄

时间：_____ 错误：_____

紫	绿	黄	蓝
红	黑	紫	绿
绿	黄	红	紫
黑	红	蓝	黄

时间：_____ 错误：_____

红	黄	紫	蓝
黄	蓝	黑	绿
蓝	紫	红	黄
黑	绿	黄	紫

时间：_____ 错误：_____

黑	蓝	红	绿
紫	黄	黑	红
黄	紫	绿	蓝
红	绿	紫	黑

时间：_____ 错误：_____

蓝	黄	紫	绿
黄	蓝	红	黑
紫	黑	绿	黄
绿	紫	黑	红

时间：_____ 错误：_____

蓝	绿	紫	黄
黑	红	绿	蓝
绿	蓝	黑	紫
紫	黑	黄	绿

时间：_____ 错误：_____

绿	黑	红	紫
黄	紫	绿	黑
黑	红	黄	绿
紫	绿	蓝	黄

时间：_____ 错误：_____

红	绿	紫	蓝
黑	红	绿	黄
绿	蓝	黑	红
紫	黑	黄	绿

时间：_____ 错误：_____

黄	黑	蓝	绿
紫	绿	紫	黄
蓝	黑	绿	红
绿	紫	黑	蓝

时间：_____ 错误：_____

黑	紫	绿	黄
蓝	绿	紫	黑
紫	黄	红	蓝
绿	蓝	黄	红

时间：_____ 错误：_____

绿	红	黑	黄
蓝	黑	黄	蓝
紫	绿	紫	红
黄	紫	蓝	绿

时间：_____ 错误：_____

红	紫	黄	黑
黄	红	紫	蓝
蓝	绿	黑	黄
绿	黑	红	紫

时间：_____ 错误：_____

绿	黑	黄	紫
红	蓝	紫	绿
蓝	黄	绿	黑
紫	红	蓝	黄

时间：_____ 错误：_____

黑	黄	红	绿
蓝	红	绿	紫
黄	蓝	紫	红
紫	绿	黑	黄

时间：_____ 错误：_____

绿	蓝	黑	红
蓝	红	紫	黑
紫	黑	蓝	黄
黄	紫	绿	蓝

时间：_____ 错误：_____

红	绿	紫	黑
绿	黄	蓝	红
黑	红	绿	紫
蓝	紫	红	黄

时间：_____ 错误：_____

蓝	绿	紫	红
黄	紫	蓝	绿
紫	红	黄	蓝
红	蓝	绿	黑

时间：_____ 错误：_____

蓝	黄	紫	红
黄	绿	红	黄
绿	黑	黄	蓝
红	蓝	绿	紫

时间：_____ 错误：_____

绿	黄	红	蓝
紫	绿	蓝	黑
红	蓝	绿	黄
黑	紫	黑	绿

时间：_____ 错误：_____

绿	黑	蓝	紫
蓝	黄	紫	绿
黄	蓝	黄	黑
黑	紫	绿	红

时间：_____ 错误：_____

蓝	红	绿	黄
红	蓝	黑	红
黄	紫	绿	蓝
紫	绿	蓝	紫

时间：_____ 错误：_____

红	紫	黄	绿
黄	绿	黑	蓝
蓝	红	蓝	黄
绿	黑	红	紫

时间：_____ 错误：_____

黄	蓝	红	绿
紫	红	紫	黑
黄	紫	蓝	黄
绿	红	黄	紫

时间：_____ 错误：_____

红	黑	黄	蓝
黄	绿	红	黑
紫	红	紫	黄
黑	蓝	绿	红

时间：_____ 错误：_____

紫	蓝	黑	红
红	紫	红	黄
绿	红	蓝	紫
蓝	绿	黄	黑

时间：_____ 错误：_____

黑	紫	绿	红
红	黑	紫	蓝
蓝	红	蓝	黑
紫	蓝	绿	黄

时间：_____ 错误：_____

绿	黄	黑	紫
紫	红	黄	绿
红	绿	蓝	黄
蓝	黑	绿	蓝

时间：_____   错误：_____

绿	紫	黄	蓝
紫	黄	紫	黑
黄	红	绿	黄
蓝	紫	黑	红

时间：_____   错误：_____

紫	红	黑	黄
黄	绿	黄	黑
红	紫	蓝	紫
蓝	黑	绿	红

时间：_____   错误：_____

黑	黄	蓝	绿
蓝	红	紫	黑
紫	绿	红	黄
黄	黑	绿	红

时间：_____   错误：_____

黄	紫	黄	蓝
红	绿	紫	绿
绿	蓝	红	黄
紫	黑	绿	红

时间：_____   错误：_____

蓝	绿	黑	紫
绿	红	黄	绿
黄	蓝	绿	黑
红	黄	蓝	黄

时间：_____   错误：_____

紫	黑	紫	绿
蓝	紫	绿	蓝
红	黄	黑	红
绿	蓝	黄	绿

时间：_____ 错误：_____

红	紫	绿	红
黄	蓝	黑	黄
紫	绿	黄	黑
绿	红	紫	绿

时间：_____ 错误：_____

绿	紫	黑	蓝
紫	蓝	黄	红
蓝	黄	绿	紫
黑	红	紫	黑

时间：_____ 错误：_____

红	紫	黄	黑
绿	黑	紫	红
紫	蓝	绿	黄
黄	红	蓝	绿

时间：_____ 错误：_____

绿	红	紫	红
黄	紫	黑	蓝
蓝	黑	黄	绿
红	绿	红	黑

时间：_____ 错误：_____

蓝	绿	黄	红
绿	红	蓝	紫
黄	蓝	绿	黄
红	黄	紫	蓝

时间：_____ 错误：_____

黄	红	蓝	黄
蓝	紫	黑	绿
绿	蓝	紫	紫
黑	黄	绿	蓝

时间：_____ 错误：_____

黑	黄	蓝	红
黄	紫	红	绿
绿	红	黄	蓝
紫	绿	黄	黑

时间：_____ 错误：_____

黄	绿	红	黄
紫	蓝	紫	红
绿	红	蓝	紫
蓝	紫	黄	绿

时间：_____ 错误：_____

黑	紫	红	黄
蓝	绿	黑	蓝
黄	红	紫	绿
红	蓝	绿	黑

时间：_____ 错误：_____

蓝	黄	红	黄
紫	蓝	绿	红
黑	绿	黄	紫
黄	红	黑	蓝

时间：_____ 错误：_____

蓝	绿	紫	蓝
黄	蓝	绿	黄
紫	黄	蓝	绿
红	紫	黑	红

时间：_____ 错误：_____

紫	蓝	紫	红
蓝	黄	黑	绿
黑	紫	绿	蓝
紫	红	黄	黑

时间：_____ 错误：_____

红	黑	紫	红
黄	蓝	黑	紫
黑	绿	蓝	绿
绿	红	绿	黄

时间：_____ 错误：_____

绿	红	紫	红
黄	蓝	绿	紫
蓝	黑	红	黑
黑	绿	黄	紫

时间：_____ 错误：_____

绿	黄	红	紫
蓝	红	黑	蓝
黄	蓝	绿	黄
紫	绿	黄	绿

时间：_____ 错误：_____

黄	蓝	红	紫
红	黑	蓝	红
绿	紫	绿	黄
黑	红	黄	绿

时间：_____ 错误：_____

紫	绿	黄	紫
绿	黑	紫	黄
黑	绿	红	蓝
黄	蓝	绿	红

时间：_____ 错误：_____

绿	红	蓝	绿
紫	绿	紫	黄
蓝	黑	黄	红
红	黄	绿	蓝

时间：_____ 错误：_____

紫	蓝	黄	红
红	绿	紫	黄
黄	蓝	黄	紫
紫	黑	绿	红

时间：_____ 错误：_____

黑	黄	绿	黄
红	黄	蓝	黑
紫	黑	黄	红
绿	蓝	红	紫

时间：_____ 错误：_____

绿	黑	红	黄
黄	紫	绿	红
紫	红	黄	黑
红	蓝	黑	紫

时间：_____ 错误：_____

红	绿	紫	绿
黄	蓝	黄	紫
蓝	黑	黄	黄
黑	红	紫	蓝

时间：_____ 错误：_____

黑	紫	绿	黄
绿	黄	紫	蓝
蓝	黑	红	紫
黄	蓝	黑	红

时间：_____ 错误：_____

蓝	黄	红	绿
紫	红	紫	黄
绿	黑	黄	红
红	黄	黑	绿

时间: _____ 错误: _____

紫	蓝	红	蓝
黄	红	黄	紫
红	黄	紫	黑
绿	蓝	黄	紫

时间: _____ 错误: _____

蓝	黄	黑	紫
紫	黑	蓝	黄
蓝	黄	绿	红
黄	红	紫	黑

时间: _____ 错误: _____

黄	蓝	绿	红
红	黑	黄	紫
紫	黄	红	绿
蓝	红	黑	黄

时间: _____ 错误: _____

蓝	黑	红	绿
黑	红	黄	紫
绿	蓝	紫	黄
紫	黄	黑	红

时间: _____ 错误: _____

黄	蓝	绿	紫
绿	黄	红	黑
黑	紫	黄	红
红	绿	蓝	黄

时间: _____ 错误: _____

蓝	紫	黑	绿
黑	黄	蓝	红
红	绿	黄	黑
绿	黑	紫	蓝

时间：_____ 错误：_____

黄	紫	红	黑
蓝	绿	黄	紫
绿	黄	紫	绿
紫	黑	绿	黄

时间：_____ 错误：_____

黄	红	紫	黑
紫	黑	黄	绿
绿	黄	黑	红
黑	蓝	黄	紫

时间：_____ 错误：_____

红	黄	黑	绿
蓝	绿	蓝	黑
紫	红	黄	蓝
黑	蓝	红	紫

时间：_____ 错误：_____

蓝	黄	紫	黑
紫	黑	黄	蓝
黑	紫	绿	黄
黄	绿	黑	紫

时间：_____ 错误：_____

黄	红	黄	蓝
紫	蓝	绿	黄
红	绿	蓝	黑
绿	黄	紫	蓝

时间：_____ 错误：_____

绿	紫	红	黄
黄	红	蓝	绿
紫	黑	黄	蓝
蓝	紫	黑	黄

舒尔特专注力训练游戏 ⑤

色彩干扰图练习

中级

编著 王颖

民主与建设出版社
北京

© 民主与建设出版社，2022

图书在版编目(CIP)数据

舒尔特专注力训练游戏：全7册 / 王颖编著 .--北京：民主与建设出版社，2022.11
ISBN 978-7-5139-4028-3

Ⅰ.①舒… Ⅱ.①王… Ⅲ.①注意－能力培养－通俗读物 Ⅳ.①B842.3-49

中国版本图书馆 CIP 数据核字（2022）第216054号

舒尔特专注力训练游戏（全7册）
SHU'ERTE ZHUANZHULI XUNLIAN YOUXI QUAN7CE

编　　著	王　颖
责任编辑	刘树民
封面设计	关欣竹
出版发行	民主与建设出版社有限责任公司
电　　话	（010）59417747　59419778
社　　址	北京市海淀区西三环中路10号望海楼E座7层
邮　　编	100142
印　　刷	唐山才智印刷有限公司
版　　次	2022年11月第1版
印　　次	2022年12月第1次印刷
开　　本	787毫米×1092毫米　1/16
印　　张	25.75
字　　数	70千字
书　　号	ISBN 978-7-5139-4028-3
定　　价	168.00元

注：如有印、装质量问题，请与出版社联系。

舒尔特方格

舒尔特方格是世界公认的简单、有效、科学的注意力训练方法。设计之初是用来训练、考核飞行员的专注力。随着专注力的重要性被越来越多的人意识到，舒尔特方格也逐渐走进大众的视野。

早在19世纪，马克思根据自己的切身经历提出了"天才就是集中注意力"的著名论断，同时法国著名生物学家乔治·居维叶也说"天才，首先是注意力"。孩子学习路上最大的拦路虎就是专注力不够，上课集中注意力时间短、不能遵守课堂纪律、写作业速度慢等都是专注力差的表现。而专注力经过系统的培养和矫正是可以改善的，这也是舒尔特方格被大众认可的原因。

本系列图书在传统舒尔特数字方格的基础上融入字母、色彩、文字、图形等多个元素，根据难易程度设置层级。激发孩子兴趣的同时，让孩子通过科学系统的练习，循序渐进，完成专注力的提升。

舒尔特方格色彩干扰图练习方法：

例：从左向右按顺序说出每个方格内字的颜色（注意是字的颜色不是字代表的颜色），如第一行正确的读法是绿蓝红。整个过程诵读出声，由他人记录所用时间和错误数，并与此前测试结果进行比对，时间越短错误越少越优。	黄	蓝	黑
	绿	黑	红
	红	蓝	绿

注意事项：

1. 眼睛距表30-35厘米，视点自然放在表的中心；
2. 在所有字符全部清晰入目的前提下进行；
3. 每看完一个表，眼睛稍作休息，或闭目，或做眼保健操；
4. 练习初期不考虑记忆因素，每天看5-8个表即可。

时间：_____　错误：_____

红	黑	紫	绿	蓝
黑	紫	绿	红	黄
绿	黄	黑	蓝	紫
紫	红	黄	黑	绿
黄	绿	红	紫	黑

时间：_____　错误：_____

红	黑	绿	紫	黄
黑	紫	红	黄	绿
蓝	黄	黑	绿	紫
黄	绿	蓝	红	黑
紫	红	黄	黑	蓝

时间：_____　错误：_____

紫	红	黄	绿	黑
黄	绿	红	紫	蓝
绿	紫	蓝	红	黄
蓝	黑	绿	黄	紫
红	蓝	紫	黑	绿

时间：_____　错误：_____

红	绿	黄	蓝	黑
黑	黄	绿	紫	红
绿	蓝	红	黄	紫
黄	紫	黑	绿	蓝
蓝	黑	紫	红	绿

时间：_____　错误：_____

红	黑	黄	绿	蓝
黄	绿	黑	蓝	紫
黑	紫	蓝	黄	绿
绿	蓝	紫	红	黄
紫	黄	绿	黑	红

时间：_____　错误：_____

黄	黑	红	蓝	绿
蓝	紫	黑	红	黄
黑	黄	蓝	绿	红
绿	蓝	黄	紫	黑
红	绿	紫	黑	蓝

时间：_____ 错误：_____

红	绿	紫	蓝	黄
黑	黄	绿	红	紫
绿	蓝	黑	紫	红
紫	红	黄	绿	黑
黄	紫	红	黑	蓝

时间：_____ 错误：_____

黑	绿	蓝	紫	黄
绿	黄	黑	红	紫
紫	蓝	红	黑	绿
蓝	紫	绿	黄	黑
黄	黑	紫	绿	红

时间：_____ 错误：_____

紫	黄	蓝	黑	绿
黑	紫	绿	红	黄
绿	蓝	红	黄	黑
黄	绿	黑	蓝	紫
红	黑	紫	绿	蓝

时间：_____ 错误：_____

黑	蓝	红	黄	紫
绿	黄	黑	蓝	红
紫	黑	绿	红	黄
蓝	绿	黄	紫	黑
黄	紫	蓝	黑	绿

时间：_____ 错误：_____

绿	黄	红	黑	紫
红	黑	紫	绿	黄
黄	蓝	绿	紫	黑
黑	紫	黄	红	蓝
紫	绿	蓝	黄	红

时间：_____ 错误：_____

红	黄	紫	蓝	黑
黄	蓝	黑	绿	紫
蓝	紫	红	黄	绿
黑	绿	黄	紫	蓝
紫	黄	绿	黑	红

时间：_____　错误：_____

绿	黑	黄	红	紫
黄	红	绿	紫	黑
蓝	黄	红	绿	蓝
紫	绿	黑	蓝	黄
黑	蓝	紫	黄	绿

时间：_____　错误：_____

黄	绿	蓝	红	黑
绿	黄	黑	紫	蓝
红	黑	黄	绿	紫
黑	紫	绿	蓝	黄
紫	蓝	红	黄	绿

时间：_____　错误：_____

绿	黑	蓝	红	黄
黄	红	紫	绿	黑
蓝	绿	黑	黄	紫
紫	黄	绿	黑	红
红	蓝	黄	紫	绿

时间：_____　错误：_____

紫	黑	黄	绿	红
黄	红	紫	黑	蓝
绿	黄	红	蓝	黑
红	蓝	绿	紫	黄
蓝	绿	黑	黄	紫

时间：_____　错误：_____

绿	紫	蓝	黑	黄
黄	红	黑	绿	紫
蓝	黑	红	紫	绿
紫	黄	绿	蓝	黑
黑	绿	紫	黄	红

时间：_____　错误：_____

绿	黑	紫	红	蓝
黄	红	蓝	绿	紫
黑	黄	红	蓝	绿
紫	蓝	绿	黄	红
蓝	绿	黑	紫	黄

时间：_____ 错误：_____

黄	黑	紫	蓝	绿
紫	蓝	绿	红	黑
红	绿	黑	黄	紫
绿	紫	蓝	黑	红
黑	黄	红	绿	蓝

时间：_____ 错误：_____

紫	红	绿	黄	蓝
绿	蓝	黑	紫	红
黄	绿	蓝	黑	紫
黑	黄	红	蓝	绿
红	紫	黄	绿	黑

时间：_____ 错误：_____

黄	紫	蓝	黑	红
紫	绿	红	蓝	黑
红	黑	黄	绿	紫
绿	蓝	黑	紫	黄
黑	黄	绿	红	蓝

时间：_____ 错误：_____

黄	绿	紫	红	黑
紫	黄	绿	蓝	红
红	蓝	黑	黄	紫
绿	黑	黄	紫	蓝
黑	紫	红	绿	黄

时间：_____ 错误：_____

紫	红	黑	绿	黄
绿	黑	红	黄	紫
黑	蓝	黄	紫	红
红	黄	蓝	黑	绿
蓝	紫	绿	红	黑

时间：_____ 错误：_____

蓝	绿	黑	黄	紫
黄	红	蓝	紫	绿
紫	蓝	黄	绿	黑
绿	紫	红	蓝	黄
黑	黄	绿	红	蓝

时间：_____ 错误：_____

黄	黑	紫	蓝	绿
紫	红	黄	绿	黑
红	绿	黑	黄	紫
绿	黄	红	黑	蓝
黑	蓝	绿	红	黄

时间：_____ 错误：_____

紫	黄	蓝	黑	绿
红	黑	紫	绿	蓝
黄	绿	黑	蓝	紫
黑	紫	绿	红	黄
绿	蓝	红	黄	黑

时间：_____ 错误：_____

绿	黄	紫	蓝	黑
黑	紫	黄	绿	蓝
红	蓝	绿	红	紫
紫	绿	红	黑	黄
黄	黑	蓝	紫	红

时间：_____ 错误：_____

黑	红	蓝	绿	紫
红	绿	紫	蓝	黑
黄	蓝	红	紫	绿
蓝	黑	绿	黄	红
绿	紫	黄	黑	蓝

时间：_____ 错误：_____

黄	蓝	黑	绿	紫
紫	红	绿	黄	蓝
蓝	黑	黄	红	绿
绿	紫	蓝	黑	红
红	黄	紫	蓝	黑

时间：_____ 错误：_____

红	紫	黑	黄	绿
蓝	黑	红	紫	黄
黑	绿	黄	红	紫
黄	蓝	紫	绿	黑
紫	红	绿	黑	蓝

时间：_____ 错误：_____

黑	蓝	红	黄	紫
红	紫	绿	黑	蓝
黄	黑	蓝	紫	绿
蓝	绿	黑	红	黄
绿	黄	紫	蓝	黑

时间：_____ 错误：_____

红	黑	黄	蓝	紫
黑	红	紫	黄	蓝
蓝	绿	红	紫	黑
黄	紫	蓝	黑	绿
紫	蓝	黑	绿	红

时间：_____ 错误：_____

蓝	红	绿	紫	黑
紫	黑	黄	蓝	红
红	蓝	黑	绿	黄
绿	黄	紫	红	蓝
黄	紫	红	黑	绿

时间：_____ 错误：_____

黑	黄	绿	红	紫
红	紫	黄	黑	绿
黄	红	紫	蓝	黑
蓝	绿	黑	黄	红
绿	黑	红	紫	蓝

时间：_____ 错误：_____

红	黑	蓝	紫	黄
绿	红	黄	黑	紫
蓝	绿	紫	黄	红
黑	黄	绿	红	蓝
紫	蓝	红	绿	黑

时间：_____ 错误：_____

黄	绿	红	紫	黑
紫	黑	蓝	黄	红
红	蓝	黑	绿	黄
绿	紫	黄	红	蓝
黑	黄	紫	蓝	绿

时间：_____ 错误：_____

黑	紫	蓝	绿	黄
红	蓝	紫	黑	绿
黄	绿	红	紫	黑
蓝	红	绿	黄	紫
绿	黑	黄	蓝	红

时间：_____ 错误：_____

黑	紫	绿	红	蓝
绿	黄	蓝	紫	黑
黄	绿	紫	蓝	红
蓝	红	黄	黑	绿
紫	蓝	黑	绿	黄

时间：_____ 错误：_____

绿	紫	黑	蓝	黄
蓝	黑	红	绿	紫
紫	绿	黄	黑	红
黄	红	蓝	紫	绿
黑	黄	绿	红	蓝

时间：_____ 错误：_____

蓝	紫	黑	红	绿
红	黄	紫	绿	黑
黑	绿	黄	蓝	紫
紫	红	蓝	黑	绿
黄	蓝	绿	紫	红

时间：_____ 错误：_____

红	蓝	黄	紫	黑
绿	红	紫	黑	黄
蓝	黑	红	绿	紫
黑	紫	绿	红	蓝
紫	黄	黑	蓝	红

时间：_____ 错误：_____

紫	绿	蓝	黑	红
黄	蓝	红	紫	黑
绿	紫	黑	蓝	黄
红	黄	紫	绿	蓝
蓝	黑	黄	红	紫

时间：_____ 错误：_____

蓝	黑	黄	紫	绿
红	蓝	紫	黑	黄
紫	黄	红	绿	黑
绿	紫	黑	蓝	红
黑	绿	蓝	红	紫

时间：_____ 错误：_____

紫	黄	绿	黑	蓝
绿	紫	黄	红	黑
黑	红	紫	黄	绿
黄	绿	黑	蓝	紫
红	黑	蓝	绿	黄

时间：_____ 错误：_____

绿	黄	黑	紫	红
黄	紫	红	蓝	黑
蓝	红	黄	黑	绿
红	绿	紫	黄	蓝
紫	黑	绿	红	黄

时间：_____ 错误：_____

黑	黄	紫	绿	红
红	紫	黑	黄	蓝
黄	红	绿	紫	黑
紫	绿	蓝	黑	黄
绿	黑	红	蓝	紫

时间：_____ 错误：_____

红	紫	黑	黄	绿
蓝	绿	红	紫	黑
黑	黄	蓝	红	紫
黄	红	紫	绿	蓝
紫	蓝	绿	黑	红

时间：_____ 错误：_____

紫	黑	黄	红	绿
黄	蓝	红	绿	紫
绿	黄	蓝	紫	红
蓝	紫	绿	黑	黄
红	绿	紫	蓝	黑

时间: _____ 错误: _____

黄	绿	红	紫	黑
蓝	黄	黑	红	绿
红	黑	蓝	绿	黄
绿	紫	黄	蓝	红
黑	红	紫	黄	蓝

时间: _____ 错误: _____

绿	黑	黄	红	紫
黄	红	紫	黑	蓝
黑	黄	蓝	红	绿
紫	蓝	绿	黄	黑
红	绿	黑	紫	黄

时间: _____ 错误: _____

绿	紫	红	黑	蓝
黄	蓝	黑	红	绿
黑	绿	蓝	黄	紫
紫	红	黄	蓝	黑
红	黑	紫	绿	黄

时间: _____ 错误: _____

黑	绿	红	蓝	黄
红	黄	黑	绿	紫
黄	红	蓝	黑	绿
蓝	黑	黄	紫	红
绿	蓝	紫	黄	黑

时间: _____ 错误: _____

黄	绿	红	黑	蓝
紫	黄	黑	红	绿
红	紫	蓝	黄	黑
绿	黑	黄	蓝	紫
黑	红	紫	绿	黄

时间: _____ 错误: _____

黄	黑	红	紫	绿
紫	红	黑	绿	黄
红	黄	蓝	黑	紫
绿	蓝	黄	红	黑
黑	绿	紫	蓝	红

时间:_____ 错误:_____

蓝	黄	黑	紫	绿
紫	黑	红	蓝	黄
黑	绿	黄	红	紫
绿	紫	蓝	黑	红
红	蓝	绿	黄	黑

时间:_____ 错误:_____

红	绿	紫	黑	黄
紫	红	黄	绿	黑
绿	黄	黑	紫	蓝
黄	黑	蓝	红	紫
蓝	紫	红	黄	绿

时间:_____ 错误:_____

黄	黑	绿	紫	蓝
紫	红	黑	绿	黄
红	黄	紫	黑	绿
绿	蓝	黄	红	黑
黑	绿	蓝	黄	紫

时间:_____ 错误:_____

红	绿	紫	黑	蓝
绿	蓝	黑	红	紫
蓝	紫	绿	黄	红
黑	黄	红	蓝	绿
紫	黑	蓝	绿	黄

时间:_____ 错误:_____

紫	黑	蓝	黄	红
黑	蓝	紫	绿	黄
黄	绿	黑	红	紫
红	黄	绿	紫	蓝
绿	紫	红	蓝	黑

时间:_____ 错误:_____

绿	黄	黑	蓝	红
黄	黑	绿	紫	蓝
蓝	绿	紫	黑	黄
红	紫	蓝	绿	黑
紫	蓝	黄	红	绿

时间:_____ 错误:_____

绿	黑	黄	紫	蓝
黄	蓝	紫	绿	红
紫	绿	红	黑	黄
红	紫	绿	黄	黑
蓝	黄	黑	红	绿

时间:_____ 错误:_____

紫	红	绿	黑	蓝
黄	黑	蓝	绿	紫
绿	黄	紫	蓝	红
红	蓝	黄	紫	绿
蓝	紫	黑	红	黄

时间:_____ 错误:_____

紫	黄	绿	蓝	红
黑	紫	黄	红	蓝
黄	红	黑	绿	紫
红	黑	蓝	紫	绿
蓝	绿	红	黄	黑

时间:_____ 错误:_____

蓝	紫	黑	绿	黄
绿	黄	蓝	黑	红
红	绿	紫	蓝	黑
黑	红	黄	紫	蓝
紫	蓝	红	黄	绿

时间:_____ 错误:_____

黄	红	绿	黑	紫
紫	黑	蓝	黄	红
蓝	黄	红	绿	黑
绿	蓝	黑	紫	黄
黑	紫	黄	红	绿

时间:_____ 错误:_____

绿	黑	红	黄	蓝
黄	蓝	紫	绿	黑
黑	紫	绿	红	黄
紫	黄	蓝	黑	绿
蓝	绿	黄	紫	红

时间：_____ 错误：_____

黄	红	黑	紫	绿
红	黑	紫	黄	蓝
黑	黄	蓝	绿	紫
蓝	绿	黄	红	黑
绿	紫	红	蓝	黄

时间：_____ 错误：_____

绿	蓝	紫	黄	黑
蓝	绿	黄	紫	红
紫	红	绿	蓝	黄
黄	黑	红	绿	蓝
红	紫	蓝	黑	绿

时间：_____ 错误：_____

蓝	黄	绿	紫	黑
红	紫	蓝	黄	绿
黑	红	紫	绿	黄
紫	绿	黄	红	蓝
黄	黑	红	蓝	紫

时间：_____ 错误：_____

黑	蓝	黄	紫	绿
绿	红	紫	蓝	黄
黄	黑	蓝	绿	红
蓝	紫	绿	红	黑
紫	黄	红	黑	蓝

时间：_____ 错误：_____

黑	紫	蓝	紫	绿
红	蓝	紫	蓝	黄
黄	红	绿	红	黑
蓝	绿	红	绿	紫
绿	黑	黄	黑	蓝

时间：_____ 错误：_____

绿	紫	蓝	黑	红
蓝	绿	红	黄	黑
紫	黑	黄	红	绿
黄	红	绿	蓝	紫
黑	蓝	紫	绿	黄

时间:_____ 错误:_____

黑	绿	红	蓝	黄
红	黑	蓝	黄	紫
蓝	紫	绿	红	黑
紫	蓝	黑	绿	红
绿	红	黄	黑	蓝

时间:_____ 错误:_____

绿	红	紫	黑	蓝
红	黑	绿	紫	黄
蓝	绿	黑	黄	红
黑	紫	黄	红	绿
紫	黄	红	绿	黑

时间:_____ 错误:_____

紫	黑	蓝	红	绿
绿	紫	黄	黑	红
黑	黄	紫	绿	蓝
黄	红	绿	紫	黑
红	绿	黑	黄	紫

时间:_____ 错误:_____

黄	红	绿	紫	黑
紫	蓝	红	绿	黄
红	黑	蓝	黄	紫
绿	黄	黑	红	蓝
黑	紫	黄	蓝	绿

时间:_____ 错误:_____

黑	绿	紫	红	黄
红	黄	绿	蓝	紫
绿	蓝	黑	黄	红
紫	黑	黄	绿	蓝
黄	绿	红	紫	黑

时间:_____ 错误:_____

黑	红	绿	黄	紫
红	蓝	黄	紫	绿
紫	黄	蓝	红	黑
蓝	紫	黑	绿	黄
黄	绿	紫	黑	红

时间：_____ 错误：_____

黑	绿	黄	紫	蓝
紫	黄	黑	红	绿
黄	紫	绿	蓝	黑
蓝	黑	紫	红	黄
绿	红	蓝	黄	紫

时间：_____ 错误：_____

绿	黄	蓝	紫	黑
黄	黑	紫	蓝	红
紫	绿	黑	红	黄
红	紫	绿	黑	蓝
黑	蓝	红	黄	绿

时间：_____ 错误：_____

绿	红	黄	黑	蓝
黄	绿	黑	红	紫
蓝	黄	紫	绿	黑
紫	黑	红	黄	绿
红	紫	绿	蓝	黄

时间：_____ 错误：_____

蓝	黑	黄	红	绿
绿	红	紫	黑	蓝
黑	黄	红	绿	紫
紫	蓝	绿	黄	黑
黄	绿	黑	蓝	红

时间：_____ 错误：_____

绿	蓝	紫	黄	黑
黑	黄	绿	紫	红
紫	绿	黑	红	蓝
黄	黑	蓝	绿	紫
蓝	紫	红	黑	绿

时间：_____ 错误：_____

红	黄	黑	绿	紫
紫	黑	绿	红	黄
绿	蓝	紫	黄	黑
黄	紫	红	黑	蓝
蓝	绿	黄	紫	红

时间：_____ 错误：_____

紫	蓝	黑	红	绿
蓝	紫	红	黑	黄
绿	红	黄	蓝	黑
红	绿	蓝	黄	紫
黑	黄	绿	紫	红

时间：_____ 错误：_____

蓝	红	紫	绿	黑
紫	黑	黄	红	绿
黄	绿	黑	紫	红
红	紫	绿	黑	蓝
绿	黄	红	蓝	紫

时间：_____ 错误：_____

黑	蓝	紫	绿	红
紫	黑	绿	红	蓝
黄	绿	黑	蓝	紫
红	紫	黄	黑	绿
绿	黄	红	紫	黑

时间：_____ 错误：_____

蓝	黑	黄	红	绿
紫	绿	蓝	绿	黄
绿	紫	绿	黄	红
红	黄	红	黑	紫
黄	蓝	黑	紫	蓝

时间：_____ 错误：_____

紫	蓝	黄	紫	红
红	紫	绿	黑	蓝
蓝	红	紫	红	紫
绿	黄	红	黄	绿
黑	绿	蓝	绿	黄

时间：_____ 错误：_____

红	绿	紫	黑	蓝
黑	蓝	黄	紫	红
黄	紫	绿	蓝	黑
蓝	黄	红	绿	紫
紫	黑	蓝	红	黄

时间：_____ 错误：_____

蓝	红	紫	绿	黑
紫	绿	蓝	黄	红
绿	蓝	红	黑	黄
红	黄	绿	紫	蓝
黄	紫	黑	蓝	绿

时间：_____ 错误：_____

黑	蓝	红	黄	紫
红	黄	蓝	紫	绿
黄	绿	红	蓝	黑
蓝	黑	黄	绿	红
绿	紫	黑	黄	蓝

时间：_____ 错误：_____

黄	黑	绿	红	紫
紫	红	黑	蓝	绿
红	蓝	紫	黑	黄
绿	紫	蓝	黄	红
黑	绿	红	紫	蓝

时间：_____ 错误：_____

绿	蓝	绿	紫	黑
黑	黄	红	绿	紫
紫	绿	蓝	黑	黄
黄	紫	黑	绿	红
蓝	红	紫	蓝	绿

时间：_____ 错误：_____

蓝	紫	蓝	黄	黑
黑	绿	黄	紫	红
绿	黄	绿	红	蓝
紫	红	黑	绿	紫
黄	蓝	紫	黑	绿

时间：_____ 错误：_____

蓝	黑	绿	黄	紫
红	蓝	黑	紫	绿
黄	绿	紫	红	黑
黑	紫	红	绿	蓝
绿	黄	蓝	黑	红

时间：_____ 错误：_____

红	绿	紫	蓝	黄
蓝	黑	绿	黑	紫
黑	紫	黄	绿	红
黄	蓝	红	紫	绿
紫	红	蓝	黄	黑

时间：_____ 错误：_____

绿	黄	紫	黑	紫
红	紫	绿	红	绿
蓝	红	黑	黄	黑
黑	绿	红	蓝	红
黄	黑	黄	绿	蓝

时间：_____ 错误：_____

紫	红	绿	黄	蓝
绿	蓝	黑	蓝	黑
黄	黑	紫	黑	绿
红	黄	蓝	绿	紫
蓝	紫	红	黑	黄

时间：_____ 错误：_____

红	黑	蓝	黄	紫
蓝	黄	黑	蓝	绿
黑	紫	绿	紫	黄
黄	蓝	黑	绿	红
紫	绿	紫	黑	蓝

时间：_____ 错误：_____

黑	绿	黄	红	紫
黄	红	紫	蓝	绿
蓝	紫	红	紫	黑
紫	黑	绿	黄	红
绿	紫	黑	紫	黄

时间：_____ 错误：_____

黑	绿	蓝	黄	绿
黄	红	黑	蓝	红
紫	蓝	绿	紫	蓝
蓝	黑	紫	绿	黑
绿	黄	红	黑	紫

时间：_____ 错误：_____

黑	蓝	黄	紫	黑
紫	黄	蓝	绿	红
黄	绿	紫	黑	黄
红	黑	绿	黄	蓝
绿	紫	黑	红	绿

时间：_____ 错误：_____

黑	黄	绿	黑	紫
紫	蓝	黑	红	绿
黄	黑	紫	黄	紫
红	绿	黄	蓝	红
绿	黑	蓝	绿	蓝

时间：_____ 错误：_____

紫	绿	红	黑	黄
绿	蓝	黑	黄	蓝
黄	紫	绿	紫	红
红	黄	紫	蓝	绿
紫	蓝	黄	绿	黑

时间：_____ 错误：_____

黄	绿	紫	黑	蓝
紫	黑	绿	黄	紫
红	紫	黑	紫	黄
绿	黑	黄	蓝	红
黑	蓝	红	紫	绿

时间：_____ 错误：_____

紫	绿	黄	紫	蓝
绿	黑	紫	绿	黄
黑	紫	红	紫	绿
蓝	黑	绿	红	黑
红	蓝	黑	蓝	紫

时间：_____ 错误：_____

红	黑	紫	绿	蓝
黑	红	绿	红	黄
绿	蓝	黑	蓝	绿
紫	紫	黄	黑	红
黄	绿	红	黄	紫

时间：_____ 错误：_____

黑	紫	蓝	紫	红
紫	绿	红	蓝	黑
黄	黑	黄	黑	绿
红	黄	红	黄	紫
绿	红	蓝	紫	黄

时间：_____ 错误：_____

绿	黑	紫	黑	蓝
红	紫	绿	红	绿
黑	绿	紫	黄	紫
绿	蓝	红	紫	黑
紫	黑	绿	紫	黄

时间：_____ 错误：_____

紫	黄	黑	红	紫
绿	紫	黄	蓝	绿
黄	红	紫	黑	蓝
红	绿	蓝	黄	紫
蓝	黑	绿	紫	红

时间：_____ 错误：_____

紫	黄	黑	红	紫
红	黑	绿	紫	黄
黄	绿	紫	黑	红
紫	蓝	红	绿	黄
红	黄	黑	黄	紫

时间：_____ 错误：_____

绿	红	绿	紫	黑
红	黄	黑	绿	紫
蓝	紫	黄	紫	黑
黑	蓝	红	绿	黄
黄	黑	蓝	红	黑

时间：_____ 错误：_____

黄	红	绿	紫	黑
绿	黑	蓝	黄	紫
紫	黑	红	绿	黄
红	蓝	黄	紫	绿
黑	红	绿	紫	黑

时间:_____ 错误:_____

绿	黑	黄	紫	绿
黄	红	黑	黄	红
蓝	紫	蓝	绿	黑
紫	蓝	紫	红	黄
黑	绿	黄	黑	紫

时间:_____ 错误:_____

黄	绿	黑	蓝	红
紫	黄	绿	紫	黑
黄	绿	紫	红	绿
绿	黄	蓝	绿	黄
紫	黑	绿	蓝	黑

时间:_____ 错误:_____

黄	黑	绿	黄	红
蓝	红	黄	红	黑
黑	紫	绿	蓝	绿
绿	蓝	黄	紫	黄
红	绿	紫	绿	蓝

时间:_____ 错误:_____

黑	绿	红	黄	黑
红	黄	黑	绿	红
紫	红	蓝	红	紫
蓝	黑	黄	黑	蓝
绿	蓝	紫	绿	黄

时间:_____ 错误:_____

黄	黑	绿	黄	蓝
绿	绿	蓝	黑	紫
红	紫	黄	蓝	绿
黑	蓝	红	紫	黄
紫	黄	黑	绿	红

时间:_____ 错误:_____

绿	紫	红	蓝	黑
黄	蓝	黑	红	绿
红	黄	紫	黑	紫
黑	红	蓝	紫	红
蓝	黑	黄	绿	紫

时间:_____ 错误:_____

绿	紫	黑	紫	红
红	黄	绿	黄	黑
紫	黑	红	绿	黄
黑	绿	蓝	红	蓝
蓝	红	紫	蓝	紫

时间:_____ 错误:_____

紫	红	绿	紫	黄
黄	黑	蓝	绿	蓝
绿	蓝	紫	黑	紫
红	紫	红	黄	绿
蓝	黄	黑	红	黑

时间:_____ 错误:_____

绿	黑	紫	蓝	红
红	绿	黄	紫	黑
蓝	红	绿	黄	绿
黑	蓝	黄	红	紫
红	紫	蓝	绿	黄

时间:_____ 错误:_____

红	绿	蓝	黑	蓝
绿	紫	黑	紫	红
黄	绿	蓝	黑	紫
绿	黄	紫	红	黑
黑	蓝	绿	紫	黄

时间:_____ 错误:_____

黑	蓝	黄	紫	红
黄	紫	绿	蓝	黑
紫	黑	黄	红	绿
黄	绿	蓝	黑	紫
黑	蓝	绿	紫	黄

时间:_____ 错误:_____

紫	黑	蓝	紫	红
黄	紫	红	黑	蓝
红	绿	紫	蓝	紫
蓝	红	黄	黑	绿
红	绿	紫	红	黑

时间：_____　错误：_____

绿	红	黄	黑	黄
黄	紫	绿	紫	黑
黄	绿	黑	红	黄
黑	蓝	黄	紫	绿
黄	黑	红	蓝	黑

时间：_____　错误：_____

蓝	红	黑	绿	黑
紫	黑	红	黄	红
绿	蓝	黄	黑	紫
红	紫	蓝	紫	黑
蓝	黄	绿	红	蓝

时间：_____　错误：_____

黑	红	紫	绿	红
红	蓝	绿	黄	蓝
紫	黄	黑	蓝	黑
蓝	紫	黄	黑	黄
黄	绿	红	紫	紫

时间：_____　错误：_____

绿	红	紫	蓝	绿
黄	绿	黄	紫	红
黑	蓝	黑	红	紫
紫	黄	紫	绿	黑
蓝	紫	红	黄	蓝

时间：_____　错误：_____

绿	红	黄	黑	蓝
蓝	黄	紫	绿	红
紫	黑	红	黄	绿
紫	蓝	紫	绿	黑
红	紫	绿	蓝	黄

时间：_____　错误：_____

紫	蓝	黑	红	绿
蓝	红	紫	绿	黑
绿	蓝	红	黑	黄
红	黄	绿	紫	蓝
绿	紫	红	蓝	紫

时间：_____　错误：_____

黄	黑	紫	红	绿
黑	黄	红	蓝	黄
紫	黑	绿	黑	蓝
红	蓝	黄	黄	紫
绿	绿	蓝	紫	红

时间：_____　错误：_____

蓝	红	紫	绿	蓝
绿	黄	紫	红	黑
黑	紫	黄	蓝	绿
紫	黄	蓝	红	黑
绿	红	黄	蓝	黑

时间：_____　错误：_____

黑	紫	蓝	红	蓝
红	绿	紫	黑	紫
紫	黑	红	绿	蓝
蓝	黄	绿	紫	红
绿	红	黄	紫	黄

时间：_____　错误：_____

蓝	黄	紫	黑	红
紫	紫	蓝	绿	绿
黄	蓝	红	黑	黄
红	绿	黄	蓝	黑
绿	黑	红	紫	蓝

时间：_____　错误：_____

黄	绿	黑	红	紫
红	蓝	黄	紫	绿
绿	红	紫	蓝	黑
红	黄	绿	黑	蓝
绿	黑	红	黄	绿

时间：_____　错误：_____

黑	蓝	黑	红	黑
红	紫	红	黑	黄
紫	红	黄	蓝	紫
蓝	黄	绿	紫	黑
黄	紫	黑	蓝	绿

时间：_____ 错误：_____

绿	黄	绿	红	黄
黄	绿	紫	黑	紫
蓝	紫	红	绿	蓝
红	黑	绿	黄	绿
紫	蓝	黑	蓝	黑

时间：_____ 错误：_____

黑	紫	黄	紫	红
蓝	黑	蓝	绿	黑
黄	绿	紫	黑	绿
紫	黄	绿	黄	紫
绿	红	黑	红	黄

时间：_____ 错误：_____

紫	红	黑	绿	蓝
黄	紫	绿	黄	紫
绿	紫	红	蓝	红
蓝	黑	蓝	紫	黄
红	蓝	黄	黑	蓝

时间：_____ 错误：_____

红	绿	蓝	绿	紫
黄	黑	紫	紫	黄
黑	蓝	黄	红	绿
绿	紫	绿	黄	蓝
紫	黑	红	黑	红

时间：_____ 错误：_____

黑	黑	紫	黄	绿
绿	紫	绿	红	黄
紫	黄	黑	蓝	红
黑	蓝	黄	绿	黑
黄	绿	红	紫	蓝

时间：_____ 错误：_____

蓝	紫	黑	红	黄
黑	紫	蓝	黄	绿
红	绿	紫	黑	蓝
蓝	黑	绿	红	紫
绿	蓝	红	黄	紫

时间：_____ 错误：_____

红	绿	紫	绿	蓝
黑	黄	红	黑	黄
绿	红	黄	红	黑
黄	黑	紫	黄	绿
红	蓝	绿	红	紫

时间：_____ 错误：_____

黑	蓝	红	黄	紫
红	黄	紫	蓝	黑
蓝	紫	红	黄	绿
绿	蓝	黄	紫	黑
红	紫	红	黄	绿

时间：_____ 错误：_____

红	蓝	黄	黑	紫
黑	绿	蓝	绿	黑
蓝	红	黑	紫	红
黄	黑	绿	红	黄
紫	蓝	红	黄	绿

时间：_____ 错误：_____

黄	蓝	黑	黄	黑
蓝	绿	绿	蓝	绿
黑	红	紫	红	紫
绿	黑	红	紫	蓝
红	紫	黄	黑	黄

时间：_____ 错误：_____

绿	蓝	黑	蓝	红
红	蓝	绿	黄	黑
黄	红	紫	黑	蓝
蓝	黑	红	绿	黄
紫	红	黄	紫	黑

时间：_____ 错误：_____

黑	绿	红	紫	蓝
紫	黄	紫	黑	黄
绿	红	蓝	红	黑
蓝	黑	绿	黄	绿
红	蓝	紫	绿	紫

时间：_____   错误：_____

黑	黄	蓝	黑	紫
蓝	紫	黄	蓝	黑
红	绿	紫	黑	红
黑	红	绿	蓝	黄
紫	黑	蓝	红	蓝

时间：_____   错误：_____

红	黄	蓝	黑	紫
黑	紫	黄	红	绿
黄	蓝	紫	绿	红
紫	绿	黄	黑	黄
绿	红	黑	黄	紫

时间：_____   错误：_____

黄	绿	黑	红	黑
紫	蓝	黄	黑	绿
蓝	紫	黑	绿	红
绿	蓝	红	蓝	绿
黑	红	紫	绿	黄

时间：_____   错误：_____

黑	蓝	绿	紫	蓝
绿	黄	红	绿	黄
红	紫	绿	红	紫
绿	黄	蓝	黄	绿
黄	黑	红	紫	蓝

时间：_____   错误：_____

红	绿	紫	黑	红
黑	红	紫	绿	黄
紫	蓝	黄	黑	绿
黄	黑	红	紫	蓝
黑	紫	黄	红	绿

时间：_____   错误：_____

蓝	黑	红	紫	绿
黄	绿	紫	黑	红
紫	红	紫	绿	黄
黄	蓝	红	蓝	绿
黑	紫	黑	红	紫

时间：_____　错误：_____

绿	黑	黄	黑	红
黄	蓝	紫	红	绿
红	黑	红	紫	蓝
蓝	紫	黄	黑	红
红	黑	绿	红	紫

时间：_____　错误：_____

黄	紫	蓝	黄	蓝
紫	红	紫	绿	黄
绿	蓝	黑	蓝	绿
绿	黄	红	绿	黄
黑	紫	黄	红	绿

时间：_____　错误：_____

红	蓝	红	绿	黄
黑	黄	绿	红	紫
黄	紫	蓝	黄	蓝
紫	绿	红	紫	绿
绿	蓝	紫	黑	红

时间：_____　错误：_____

红	黑	绿	黄	蓝
黑	绿	红	紫	黄
黄	红	黄	蓝	紫
紫	蓝	紫	绿	黄
绿	紫	黑	红	黑

时间：_____　错误：_____

红	绿	紫	黑	红
黑	紫	红	紫	黑
绿	黑	蓝	黄	蓝
蓝	绿	黄	红	紫
黑	紫	红	黄	黑

时间：_____　错误：_____

紫	红	蓝	绿	黄
黑	黄	红	黄	蓝
绿	红	紫	黑	红
蓝	绿	黑	紫	黄
黄	蓝	红	蓝	绿

时间：_____ 错误：_____

黄	紫	红	黑	绿
紫	绿	黄	蓝	红
绿	红	绿	红	黑
红	黄	蓝	绿	紫
黑	蓝	绿	紫	红

时间：_____ 错误：_____

绿	黑	黄	黑	红
红	蓝	紫	绿	黑
黑	绿	蓝	红	黄
紫	黑	黄	绿	蓝
红	紫	黑	黄	绿

时间：_____ 错误：_____

黑	紫	蓝	绿	黑
蓝	绿	黄	蓝	绿
红	蓝	紫	黑	红
绿	黄	红	紫	绿
紫	蓝	黄	红	黄

时间：_____ 错误：_____

紫	红	蓝	黄	绿
绿	黑	黄	紫	蓝
红	黄	紫	蓝	黑
黄	蓝	绿	黄	紫
蓝	绿	红	黑	黄

时间：_____ 错误：_____

红	紫	黑	绿	蓝
黑	黄	绿	蓝	黄
黄	黑	红	黄	紫
紫	红	绿	紫	红
绿	黑	黄	红	黑

时间：_____ 错误：_____

蓝	绿	黑	红	紫
黑	蓝	绿	蓝	黑
绿	黄	红	黑	绿
红	紫	黑	紫	红
黑	红	黄	绿	黑

时间：_____　错误：_____

黑	黄	绿	红	蓝
蓝	紫	红	黑	紫
绿	绿	黑	黄	绿
黑	红	紫	蓝	红
紫	黑	红	绿	黑

时间：_____　错误：_____

红	黄	紫	黑	蓝
黑	紫	黑	蓝	紫
黄	绿	红	紫	绿
蓝	红	黄	绿	黄
绿	黑	蓝	红	黑

时间：_____　错误：_____

黑	绿	黄	黑	黄
蓝	红	紫	绿	黑
绿	黑	蓝	红	黄
黑	紫	黄	绿	红
紫	红	黑	黄	蓝

时间：_____　错误：_____

蓝	紫	黄	黑	蓝
黑	绿	紫	红	黄
绿	红	蓝	绿	紫
红	黄	绿	黑	黄
黑	紫	红	黄	黑

时间：_____　错误：_____

绿	红	黑	绿	紫
红	黑	绿	红	黑
黑	黄	红	黄	绿
紫	蓝	黑	紫	红
红	绿	黄	红	紫

时间：_____　错误：_____

红	蓝	黄	黑	紫
蓝	黄	紫	红	黑
黑	紫	蓝	绿	黄
紫	绿	黄	黑	绿
绿	红	黑	黄	蓝

时间：_____ 错误：_____

黄	红	紫	绿	蓝
紫	黑	绿	红	黄
绿	黄	黑	蓝	紫
红	蓝	红	绿	黑
黑	绿	黑	黄	红

时间：_____ 错误：_____

黄	紫	绿	黑	红
紫	绿	蓝	红	黑
绿	黄	黑	蓝	黄
红	黑	紫	绿	紫
黑	蓝	红	黄	绿

时间：_____ 错误：_____

红	绿	黄	紫	蓝
黑	蓝	紫	绿	黄
黄	黑	紫	黄	紫
紫	蓝	黑	红	黑
绿	红	紫	蓝	红

时间：_____ 错误：_____

绿	黑	紫	绿	红
蓝	红	绿	蓝	黑
黑	蓝	红	紫	黄
紫	绿	黄	蓝	紫
红	黄	蓝	红	绿

时间：_____ 错误：_____

紫	黄	红	黑	绿
绿	紫	黑	红	蓝
红	紫	黄	蓝	黑
黄	黑	紫	绿	蓝
蓝	紫	绿	黄	红

时间：_____ 错误：_____

黄	红	绿	蓝	紫
紫	黑	蓝	黄	绿
红	黄	黑	紫	黄
黑	蓝	紫	黑	红
紫	黑	绿	红	蓝

时间：_____   错误：_____

红	紫	黑	黄	蓝
黑	绿	蓝	紫	黄
黄	蓝	红	绿	紫
紫	黑	绿	红	黑
绿	蓝	黑	紫	红

时间：_____   错误：_____

蓝	紫	绿	黄	红
黄	绿	红	紫	黑
紫	红	蓝	绿	黄
黑	黄	绿	蓝	紫
红	蓝	黄	黑	绿

时间：_____   错误：_____

黄	紫	黑	红	绿
紫	绿	红	黑	蓝
绿	黄	蓝	红	紫
红	黑	绿	紫	蓝
紫	蓝	黄	绿	红

时间：_____   错误：_____

紫	蓝	红	绿	黑
绿	黄	黑	蓝	红
红	紫	黄	黑	蓝
黄	红	绿	黄	绿
蓝	紫	绿	红	黄

时间：_____   错误：_____

蓝	红	绿	黑	黄
黄	黑	蓝	红	蓝
紫	红	黑	紫	红
红	紫	黄	绿	黑
紫	绿	红	黄	紫

时间：_____   错误：_____

绿	紫	红	绿	黄
红	绿	黑	蓝	紫
蓝	红	黄	黑	绿
绿	蓝	紫	黄	红
黄	黑	绿	红	紫

时间：_____ 错误：_____

绿	紫	蓝	红	黄
黑	绿	黄	蓝	紫
紫	黑	红	黄	绿
蓝	黄	绿	紫	红
红	蓝	黑	绿	蓝

时间：_____ 错误：_____

绿	黑	紫	红	黄
蓝	红	绿	黑	紫
红	蓝	黑	黄	绿
黑	绿	黄	蓝	红
紫	黄	红	绿	黑

时间：_____ 错误：_____

绿	紫	黄	红	蓝
蓝	绿	紫	黑	黄
红	黑	绿	黄	紫
黑	黄	红	紫	绿
紫	蓝	黑	绿	红

时间：_____ 错误：_____

绿	黑	紫	红	黄
蓝	红	绿	黑	紫
黑	绿	黄	蓝	紫
紫	黄	红	绿	黑
红	蓝	黑	黄	绿

时间：_____ 错误：_____

蓝	紫	黄	红	绿
黄	绿	紫	黑	蓝
紫	黑	绿	蓝	红
绿	黄	红	紫	黑
红	蓝	黑	黄	紫

时间：_____ 错误：_____

蓝	绿	红	黄	黑
黄	蓝	黑	紫	红
紫	红	黄	绿	蓝
绿	黑	蓝	红	绿
红	紫	绿	黑	黄

时间：_____ 错误：_____

紫	黑	黄	蓝	红
黄	蓝	绿	紫	绿
蓝	红	蓝	红	蓝
红	绿	紫	绿	黄
绿	黄	红	黄	黑

时间：_____ 错误：_____

黑	蓝	紫	黄	黑
红	紫	黑	绿	黄
绿	黄	红	紫	绿
蓝	绿	黄	红	蓝
黄	红	蓝	黑	紫

时间：_____ 错误：_____

黄	蓝	红	黄	蓝
红	黄	黑	红	黑
黄	蓝	黄	绿	黄
绿	黑	红	蓝	绿
蓝	红	紫	绿	蓝

时间：_____ 错误：_____

黄	蓝	红	黄	蓝
红	紫	黑	红	黄
蓝	绿	黄	蓝	黑
黑	红	绿	紫	绿
紫	黄	紫	绿	蓝

时间：_____ 错误：_____

蓝	红	蓝	黑	黄
黄	绿	黄	绿	紫
红	黄	绿	紫	绿
绿	蓝	红	蓝	红
紫	黑	黄	红	绿

时间：_____ 错误：_____

红	黄	黑	绿	紫
绿	紫	绿	紫	黑
紫	红	紫	蓝	红
蓝	绿	黄	绿	蓝
黑	蓝	红	黑	绿

时间：_____　错误：_____

绿	红	绿	紫	绿
黄	绿	蓝	绿	蓝
蓝	黄	黄	蓝	黄
黑	紫	蓝	黑	紫
紫	蓝	黄	绿	红

时间：_____　错误：_____

绿	黑	绿	黄	黑
黄	蓝	黄	紫	红
红	绿	蓝	红	绿
紫	黄	紫	黑	蓝
蓝	红	黑	蓝	黄

时间：_____　错误：_____

蓝	紫	黑	红	紫
黄	蓝	绿	黄	绿
紫	绿	红	蓝	黑
红	黄	蓝	绿	黄
蓝	红	绿	紫	蓝

时间：_____　错误：_____

黄	绿	蓝	紫	红
红	黑	红	绿	蓝
蓝	黄	紫	红	紫
紫	红	绿	黄	黑
绿	紫	黑	蓝	黄

时间：_____　错误：_____

紫	黑	黄	绿	黄
黄	绿	红	黑	绿
红	紫	蓝	紫	红
绿	红	紫	黄	蓝
黑	蓝	绿	红	紫

时间：_____　错误：_____

黑	蓝	红	黑	蓝
黄	红	蓝	红	紫
绿	蓝	黄	蓝	绿
紫	红	绿	紫	红
蓝	黄	黑	绿	黑

时间：_____ 错误：_____

紫	蓝	绿	红	蓝
绿	黄	红	黑	黄
蓝	紫	黄	蓝	紫
黑	红	黑	黄	红
绿	黑	蓝	紫	绿

时间：_____ 错误：_____

绿	蓝	紫	黄	绿
蓝	黄	蓝	红	紫
黄	绿	黑	蓝	黄
红	紫	黄	黑	蓝
紫	黄	绿	紫	红

时间：_____ 错误：_____

绿	蓝	红	蓝	紫
红	黑	绿	黄	绿
蓝	黄	紫	绿	蓝
黄	绿	蓝	红	黄
绿	蓝	黑	黄	红

时间：_____ 错误：_____

黑	蓝	黑	红	绿
蓝	紫	红	绿	红
红	绿	紫	蓝	黑
绿	红	黄	紫	蓝
黄	黑	蓝	黑	紫

时间：_____ 错误：_____

绿	蓝	红	蓝	紫
蓝	黄	紫	黄	蓝
黄	红	绿	紫	黄
紫	绿	黄	红	绿
红	紫	黑	绿	红

时间：_____ 错误：_____

蓝	红	紫	黑	绿
黄	紫	黄	蓝	黄
红	绿	蓝	绿	蓝
绿	黄	黑	红	紫
紫	蓝	红	黄	黑

时间：_____ 错误：_____

蓝	绿	紫	红	绿
紫	黑	红	绿	蓝
绿	黄	绿	黑	黄
红	紫	红	蓝	紫
黄	蓝	紫	黄	红

时间：_____ 错误：_____

绿	黄	蓝	紫	红
蓝	红	黑	绿	黄
红	蓝	绿	红	黑
紫	黑	紫	黄	蓝
黄	紫	红	蓝	绿

时间：_____ 错误：_____

红	蓝	绿	蓝	黑
黑	绿	红	黄	红
黄	紫	蓝	黑	绿
绿	黄	紫	绿	蓝
紫	红	黄	蓝	黄

时间：_____ 错误：_____

红	紫	黑	蓝	黄
黄	绿	紫	红	紫
绿	红	黄	黑	蓝
紫	黑	红	紫	绿
蓝	黄	蓝	黄	黑

时间：_____ 错误：_____

绿	红	黑	黄	黑
蓝	绿	绿	红	绿
红	紫	紫	绿	黄
黄	黑	黄	紫	红
紫	黄	绿	蓝	绿

时间：_____ 错误：_____

绿	蓝	黑	黄	红
红	黄	绿	紫	绿
紫	绿	紫	绿	黑
黄	红	蓝	红	蓝
红	紫	黄	黑	紫

时间：_____ 错误：_____

紫	蓝	绿	紫	蓝
黄	绿	黄	蓝	红
红	紫	红	绿	紫
黑	红	紫	红	绿
绿	黄	蓝	黑	黄

时间：_____ 错误：_____

红	黑	绿	蓝	绿
蓝	绿	紫	黑	红
紫	黄	蓝	红	绿
黑	红	绿	黄	紫
黄	蓝	红	黑	紫

时间：_____ 错误：_____

黑	蓝	紫	蓝	红
黄	紫	绿	红	绿
蓝	黄	黑	绿	黑
紫	绿	红	紫	蓝
红	黑	蓝	黄	紫

时间：_____ 错误：_____

黄	紫	蓝	黑	红
红	绿	红	绿	黑
蓝	黄	黑	紫	黄
黑	红	紫	红	绿
紫	蓝	黄	蓝	紫

时间：_____ 错误：_____

蓝	绿	黑	紫	黑
红	黑	绿	蓝	红
紫	红	紫	红	蓝
绿	紫	蓝	黑	紫
黄	蓝	红	黄	蓝

时间：_____ 错误：_____

黄	蓝	紫	蓝	红
紫	黄	绿	紫	黄
蓝	绿	蓝	红	蓝
红	黑	黄	黑	绿
绿	蓝	红	黄	紫

时间：_____ 错误：_____

黄	紫	红	黑	黄
红	绿	蓝	红	绿
蓝	红	紫	绿	蓝
紫	黑	绿	蓝	紫
绿	蓝	黄	紫	红

时间：_____ 错误：_____

绿	紫	红	黑	红
黑	绿	蓝	绿	蓝
紫	蓝	紫	黄	紫
黄	黄	黑	红	绿
蓝	红	黄	蓝	黄

时间：_____ 错误：_____

紫	黄	红	紫	红
蓝	紫	黑	红	绿
绿	绿	蓝	绿	黑
黑	红	紫	黄	蓝
红	黄	绿	蓝	红

时间：_____ 错误：_____

黄	红	绿	蓝	紫
红	蓝	黑	红	黄
蓝	紫	黄	绿	蓝
紫	绿	红	黄	绿
绿	黄	紫	黑	红

时间：_____ 错误：_____

蓝	黑	红	绿	黑
黄	绿	蓝	红	黄
红	紫	绿	紫	红
绿	蓝	紫	黄	蓝
紫	红	黄	红	紫

时间：_____ 错误：_____

绿	紫	黑	黄	紫
黑	红	绿	红	黄
紫	绿	蓝	紫	红
红	黑	黄	绿	蓝
蓝	黄	红	蓝	黑

时间：_____　错误：_____

蓝	黑	紫	黄	蓝
黄	蓝	黑	红	黄
紫	绿	红	蓝	绿
红	紫	黑	紫	红
绿	红	黄	绿	紫

时间：_____　错误：_____

紫	红	黄	绿	黄
蓝	黑	紫	蓝	红
绿	黄	蓝	红	紫
黑	绿	红	紫	蓝
红	紫	黑	黄	绿

时间：_____　错误：_____

红	蓝	红	黄	蓝
绿	黄	黑	红	黑
黄	绿	黄	蓝	黄
蓝	红	绿	紫	绿
黑	黄	紫	绿	蓝

时间：_____　错误：_____

黑	蓝	绿	黄	蓝
黄	紫	蓝	红	黑
紫	黄	红	蓝	绿
红	绿	紫	黑	紫
绿	黑	黄	紫	红

时间：_____　错误：_____

绿	蓝	红	黄	黑
红	黑	绿	紫	红
蓝	紫	黑	黄	蓝
黑	红	蓝	红	黑
紫	黄	紫	蓝	黄

时间：_____　错误：_____

蓝	绿	蓝	红	绿
绿	红	紫	黑	黄
紫	蓝	黄	紫	蓝
黄	紫	绿	黄	紫
红	黄	黑	蓝	红

时间：_____ 错误：_____

红	绿	紫	红	黑
黄	蓝	黄	蓝	黄
绿	黄	蓝	绿	红
紫	黑	红	黄	蓝
蓝	红	黄	紫	绿

时间：_____ 错误：_____

绿	蓝	黑	蓝	红
蓝	绿	黄	红	蓝
黄	红	蓝	黄	绿
黑	黄	红	绿	黄
紫	黑	绿	黑	红

时间：_____ 错误：_____

绿	紫	黑	红	绿
黑	绿	紫	蓝	黄
绿	蓝	红	紫	蓝
紫	黄	绿	黑	紫
黄	红	蓝	绿	红

时间：_____ 错误：_____

红	绿	蓝	紫	红
蓝	黑	红	绿	黄
紫	黄	紫	红	黑
绿	红	绿	黄	蓝
黄	紫	黄	蓝	绿

时间：_____ 错误：_____

黄	紫	绿	红	黑
红	绿	红	绿	黄
蓝	红	紫	黑	紫
紫	黑	黄	蓝	绿
绿	蓝	红	紫	蓝

时间：_____ 错误：_____

红	蓝	黑	紫	红
蓝	紫	绿	黑	蓝
紫	红	紫	红	紫
黑	黄	红	黄	黑
绿	黑	蓝	绿	黄

时间：_____　错误：_____

紫	黄	绿	黑	红
蓝	绿	紫	黄	绿
黄	红	蓝	绿	蓝
红	黑	黄	蓝	黑
绿	紫	黑	黄	紫

时间：_____　错误：_____

紫	黄	黑	绿	蓝
蓝	红	黄	黄	紫
黄	绿	紫	蓝	黄
红	紫	绿	红	绿
绿	黄	蓝	紫	红

时间：_____　错误：_____

蓝	黑	紫	红	蓝
黄	绿	黑	黄	紫
红	蓝	黄	紫	绿
绿	黑	蓝	黄	红
紫	红	蓝	绿	黑

时间：_____　错误：_____

蓝	黑	红	绿	黄
紫	绿	黄	蓝	红
黄	紫	黑	黄	蓝
红	蓝	绿	紫	黑
绿	红	蓝	黄	紫

时间：_____　错误：_____

黄	红	黄	绿	紫
绿	黄	蓝	紫	蓝
红	紫	绿	黄	红
紫	绿	黄	蓝	黑
蓝	黑	紫	红	黄

时间：_____　错误：_____

黄	紫	蓝	红	黄
紫	蓝	黄	蓝	紫
红	黄	紫	绿	红
绿	黑	红	黄	蓝
蓝	红	绿	紫	黑

时间:_____ 错误:_____

黄	绿	红	黑	紫
绿	紫	蓝	黄	红
黑	黄	绿	紫	黑
黄	红	黄	绿	紫
紫	绿	蓝	黑	黄

时间:_____ 错误:_____

红	紫	绿	黄	红
黑	蓝	黄	紫	蓝
紫	红	蓝	绿	黄
绿	黄	紫	黑	绿
黄	绿	红	蓝	黑

时间:_____ 错误:_____

红	黄	绿	蓝	黑
绿	黑	黄	紫	红
黄	蓝	黑	红	蓝
蓝	红	紫	绿	紫
黑	紫	蓝	黄	绿

时间:_____ 错误:_____

蓝	黑	蓝	黑	红
紫	绿	红	绿	蓝
绿	紫	黑	黄	紫
黄	绿	紫	蓝	绿
红	蓝	黄	绿	蓝

时间:_____ 错误:_____

紫	蓝	红	紫	黑
绿	紫	黄	蓝	紫
红	黄	绿	蓝	红
蓝	绿	黑	红	绿
紫	红	蓝	绿	黄

时间:_____ 错误:_____

黄	红	蓝	绿	黄
黑	紫	绿	黄	红
红	黄	红	黑	紫
紫	绿	黄	绿	蓝
黄	红	紫	蓝	黑

时间：_____　错误：_____

红	蓝	紫	黄	蓝
紫	黄	绿	黑	红
蓝	紫	蓝	黄	绿
黄	红	黑	蓝	紫
黑	绿	红	紫	黑

时间：_____　错误：_____

蓝	紫	黑	红	蓝
黄	红	绿	蓝	黄
红	绿	紫	黄	黑
绿	蓝	红	紫	绿
紫	黑	蓝	绿	黄

时间：_____　错误：_____

黄	紫	蓝	黑	红
红	蓝	红	绿	黑
蓝	黄	黑	紫	黄
黑	红	紫	红	绿
紫	绿	黄	蓝	紫

时间：_____　错误：_____

黄	紫	红	绿	黄
红	绿	蓝	红	绿
蓝	红	紫	黄	蓝
紫	黑	绿	蓝	紫
绿	蓝	黄	紫	红

时间：_____　错误：_____

红	蓝	紫	红	蓝
紫	黄	绿	黑	红
蓝	紫	蓝	黄	绿
黄	红	黑	蓝	紫
黑	绿	红	紫	黄

时间：_____　错误：_____

红	绿	黑	蓝	紫
蓝	红	黄	紫	黑
绿	紫	绿	黄	红
紫	黑	蓝	红	黄
黄	红	紫	绿	蓝

时间：_____ 错误：_____

绿	红	紫	蓝	绿
紫	蓝	红	紫	黄
蓝	黑	黄	绿	黑
绿	黄	蓝	红	黄
黑	紫	绿	黑	红

时间：_____ 错误：_____

黑	紫	绿	红	紫
红	黑	紫	蓝	红
蓝	红	蓝	黑	黄
紫	蓝	绿	黄	蓝
绿	黄	黑	紫	绿

时间：_____ 错误：_____

蓝	紫	绿	黑	红
黄	蓝	红	黄	绿
绿	黑	黄	紫	黑
红	黄	紫	绿	蓝
黑	绿	蓝	红	紫

时间：_____ 错误：_____

黑	黄	蓝	红	绿
蓝	绿	紫	黑	蓝
红	蓝	红	蓝	红
黑	紫	绿	黄	绿
黄	红	蓝	黑	紫

时间：_____ 错误：_____

黄	红	绿	蓝	紫
红	蓝	黑	红	黄
蓝	紫	黄	绿	蓝
紫	绿	红	黄	绿
绿	黄	紫	黑	红

时间：_____ 错误：_____

红	黄	蓝	黑	紫
黑	红	黄	红	绿
黄	蓝	黑	绿	蓝
绿	紫	绿	蓝	黄
紫	绿	蓝	黄	红

时间：_____   错误：_____

蓝	紫	红	绿	黄
红	黄	蓝	黄	红
绿	蓝	紫	红	绿
黄	绿	黑	紫	黄
黑	红	黄	绿	蓝

时间：_____   错误：_____

红	紫	蓝	绿	黑
绿	黄	红	蓝	绿
蓝	绿	紫	红	紫
黄	红	绿	紫	蓝
紫	黑	黄	蓝	红

时间：_____   错误：_____

黄	红	蓝	紫	黑
蓝	绿	黄	红	紫
红	紫	黑	黄	红
紫	黑	绿	蓝	黄
黑	蓝	紫	绿	蓝

时间：_____   错误：_____

紫	黄	黑	绿	黄
黑	蓝	绿	紫	红
红	紫	黑	红	蓝
黄	绿	蓝	黄	绿
绿	黄	红	黑	紫

时间：_____   错误：_____

蓝	黑	红	黄	紫
绿	蓝	绿	红	黄
黄	紫	黄	蓝	绿
紫	红	黑	绿	蓝
黑	绿	蓝	紫	红

时间：_____   错误：_____

紫	蓝	黄	红	绿
黄	红	黑	绿	黄
绿	紫	蓝	紫	蓝
蓝	绿	紫	黑	红
红	黑	绿	蓝	紫

时间：_____ 错误：_____

黑	黄	红	绿	紫
绿	蓝	绿	黄	红
紫	绿	黑	红	蓝
蓝	红	蓝	绿	黑
黄	黑	紫	蓝	黄

时间：_____ 错误：_____

红	紫	黑	蓝	黄
黄	绿	紫	红	紫
绿	红	黄	黑	蓝
紫	黑	红	紫	绿
蓝	黄	蓝	绿	黑

时间：_____ 错误：_____

紫	黄	绿	蓝	红
蓝	红	紫	黑	绿
黑	蓝	黄	紫	黄
黄	黑	蓝	红	蓝
绿	紫	红	黄	紫

时间：_____ 错误：_____

黑	紫	黑	红	绿
绿	蓝	红	黑	紫
紫	红	蓝	黄	蓝
蓝	黑	紫	绿	红
红	黄	蓝	紫	黄

时间：_____ 错误：_____

黄	蓝	黑	红	绿
绿	黄	黑	绿	红
紫	绿	黄	紫	蓝
蓝	红	绿	黄	紫
黑	黄	紫	红	黄

时间：_____ 错误：_____

蓝	黄	绿	红	黑
黑	绿	黄	黑	绿
黄	紫	绿	黄	紫
绿	蓝	红	绿	黄
蓝	黑	黄	紫	红

时间：_____ 错误：_____

蓝	红	绿	紫	蓝
紫	黑	黄	红	黑
绿	黄	红	绿	紫
红	蓝	紫	黄	绿
黄	紫	蓝	黑	蓝

时间：_____ 错误：_____

红	紫	绿	黑	黄
蓝	黑	黄	绿	紫
紫	绿	紫	黄	红
绿	黄	红	蓝	黑
黄	紫	黄	绿	蓝

时间：_____ 错误：_____

黑	绿	蓝	红	紫
红	蓝	黑	黄	绿
绿	黄	红	绿	红
蓝	红	黄	蓝	黄
黄	紫	绿	黑	蓝

时间：_____ 错误：_____

紫	绿	黄	黑	红
黄	蓝	紫	红	紫
绿	红	黑	绿	蓝
红	紫	蓝	黄	绿
黑	黄	红	蓝	黑

时间：_____ 错误：_____

绿	黑	黄	红	黑
紫	蓝	红	绿	蓝
蓝	紫	黑	黄	紫
黑	红	蓝	紫	黄
黄	绿	紫	蓝	红

时间：_____ 错误：_____

绿	紫	黄	蓝	红
紫	黑	蓝	紫	黄
蓝	红	黑	绿	黑
绿	黄	紫	红	绿
黑	绿	红	黑	紫

时间：_____ 错误：_____

绿	紫	黄	绿	黑
黄	红	绿	黄	蓝
蓝	黑	红	黑	紫
黑	黄	黑	紫	黄
紫	绿	黄	蓝	绿

时间：_____ 错误：_____

紫	黑	红	绿	紫
黑	红	蓝	黄	绿
蓝	黄	黑	蓝	黑
黄	绿	黄	紫	黄
绿	蓝	紫	黑	蓝

时间：_____ 错误：_____

黑	红	黄	蓝	紫
红	黑	绿	紫	黑
紫	黄	红	绿	蓝
蓝	黄	黑	红	紫
黄	蓝	紫	黄	绿

时间：_____ 错误：_____

绿	红	黑	紫	黄
黑	蓝	紫	黄	紫
蓝	黑	黄	绿	红
紫	黄	蓝	红	绿
黄	紫	红	蓝	黑

时间：_____ 错误：_____

绿	黄	红	黑	蓝
黄	绿	紫	蓝	红
蓝	红	绿	紫	黄
紫	黑	蓝	黄	紫
黑	紫	黄	红	绿

时间：_____ 错误：_____

紫	黑	黄	绿	红
黄	绿	黑	黄	紫
黑	紫	红	蓝	绿
黄	蓝	黑	紫	蓝
红	黄	紫	绿	黄

时间：_____　错误：_____

黄	紫	黑	蓝	红
绿	黑	红	黄	蓝
红	蓝	黄	绿	紫
黑	黄	蓝	红	黑
紫	红	绿	黑	蓝

时间：_____　错误：_____

黄	蓝	绿	紫	黑
紫	红	黄	绿	红
红	黄	蓝	黑	黄
绿	黑	紫	黄	蓝
黑	绿	红	紫	绿

时间：_____　错误：_____

绿	紫	黑	蓝	黄
黄	红	蓝	绿	紫
蓝	绿	黄	紫	红
紫	黄	绿	黑	蓝
黑	蓝	红	绿	黑

时间：_____　错误：_____

绿	黄	紫	黑	绿
黄	黑	绿	红	黑
蓝	紫	黑	绿	蓝
紫	红	黄	蓝	红
红	绿	黑	紫	黄

时间：_____　错误：_____

绿	黑	紫	蓝	黄
黄	蓝	绿	红	绿
蓝	黄	黑	黄	红
紫	红	黄	黑	蓝
黑	绿	蓝	绿	紫

时间：_____　错误：_____

紫	绿	黑	红	蓝
绿	黑	蓝	绿	紫
黑	紫	绿	黄	黑
红	黄	紫	黑	绿
蓝	红	黄	紫	黄

舒尔特专注力训练游戏 ⑥

色彩干扰图练习

高级

编著 王颖

民主与建设出版社
北京

© 民主与建设出版社，2022

图书在版编目(CIP)数据

舒尔特专注力训练游戏：全7册 / 王颖编著 .--北京：民主与建设出版社，2022.11
ISBN 978-7-5139-4028-3

Ⅰ.①舒… Ⅱ.①王… Ⅲ.①注意－能力培养－通俗读物 Ⅳ.①B842.3-49

中国版本图书馆 CIP 数据核字（2022）第216054号

舒尔特专注力训练游戏（全7册）
SHU'ERTE ZHUANZHULI XUNLIAN YOUXI QUAN7CE

编　　著	王　颖
责任编辑	刘树民
封面设计	关欣竹
出版发行	民主与建设出版社有限责任公司
电　　话	（010）59417747　59419778
社　　址	北京市海淀区西三环中路10号望海楼E座7层
邮　　编	100142
印　　刷	唐山才智印刷有限公司
版　　次	2022年11月第1版
印　　次	2022年12月第1次印刷
开　　本	787毫米×1092毫米　1/16
印　　张	25.75
字　　数	70千字
书　　号	ISBN 978-7-5139-4028-3
定　　价	168.00元

注：如有印、装质量问题，请与出版社联系。

舒尔特方格

　　舒尔特方格是世界公认的简单、有效、科学的注意力训练方法。设计之初是用来训练、考核飞行员的专注力。随着专注力的重要性被越来越多的人意识到，舒尔特方格也逐渐走进大众的视野。

　　早在19世纪，马克思根据自己的切身经历提出了"天才就是集中注意力"的著名论断，同时法国著名生物学家乔治·居维叶也说"天才，首先是注意力"。孩子学习路上最大的拦路虎就是专注力不够，上课集中注意力时间短、不能遵守课堂纪律、写作业速度慢等都是专注力差的表现。而专注力经过系统的培养和矫正是可以改善的，这也是舒尔特方格被大众认可的原因。

　　本系列图书在传统舒尔特数字方格的基础上融入字母、色彩、文字、图形等多个元素，根据难易程度设置层级。激发孩子兴趣的同时，让孩子通过科学系统的练习，循序渐进，完成专注力的提升。

舒尔特方格色彩干扰图练习方法：

例：从左向右按顺序说出每个方格内字的颜色（注意是字的颜色不是字代表的颜色），如第一行正确的读法是绿蓝红。整个过程诵读出声，由他人记录所用时间和错误数，并与此前测试结果进行比对，时间越短错误越少越优。	黄	蓝	黑
	绿	黑	红
	红	蓝	绿

注意事项：

1. 眼睛距表30-35厘米，视点自然放在表的中心；
2. 在所有字符全部清晰入目的前提下进行；
3. 每看完一个表，眼睛稍作休息，或闭目，或做眼保健操；
4. 练习初期不考虑记忆因素，每天看5-8个表即可。

时间：_____ 错误：_____

红	紫	绿	黄	红	黑	绿	黄	红	黄	绿	紫
黑	蓝	黄	紫	蓝	红	黄	绿	黄	蓝	紫	蓝
紫	红	蓝	红	黄	绿	紫	红	紫	绿	黄	红
绿	黄	紫	黑	绿	蓝	红	紫	绿	黄	蓝	黑
黄	绿	红	蓝	黑	紫	黄	蓝	黑	紫	红	黄

时间：_____ 错误：_____

蓝	黑	蓝	黑	红	绿	紫	绿	紫	黑	蓝	绿
紫	绿	红	绿	蓝	红	蓝	紫	蓝	黄	红	黄
绿	紫	黑	黄	紫	绿	黑	蓝	黄	绿	紫	蓝
黄	绿	紫	蓝	绿	蓝	紫	黑	红	紫	黑	紫
红	蓝	黄	绿	蓝	红	绿	黄	绿	蓝	绿	红

时间：_____ 错误：_____

红	紫	蓝	红	紫	黑	红	蓝	黑	紫	红	蓝
蓝	绿	紫	黄	绿	紫	蓝	黄	绿	黑	黄	紫
紫	红	黄	绿	蓝	红	紫	红	蓝	红	紫	绿
黑	蓝	绿	紫	黄	绿	黄	绿	黑	黄	蓝	红
黄	紫	红	蓝	红	黄	绿	紫	红	蓝	绿	黑

时间:_____ 错误:_____

紫	黄	黑	绿	蓝	红	黄	紫	蓝	红	黄	绿
蓝	红	紫	黄	紫	蓝	紫	蓝	黄	蓝	紫	蓝
黄	绿	黄	蓝	黄	绿	红	黄	紫	绿	红	黄
红	紫	绿	红	绿	紫	绿	黑	红	黄	蓝	黑
绿	黄	蓝	紫	红	黄	蓝	红	绿	紫	黑	红

时间:_____ 错误:_____

蓝	红	蓝	红	绿	紫	绿	红	绿	蓝	黑	紫
黑	黄	红	蓝	红	黄	蓝	黑	蓝	绿	黄	蓝
紫	绿	黄	绿	黄	蓝	黄	紫	黄	红	蓝	绿
绿	紫	绿	黄	黑	红	黑	黄	紫	黄	红	黑
黄	蓝	黑	红	蓝	绿	红	绿	红	紫	绿	红

时间:_____ 错误:_____

蓝	黄	黑	黄	红	绿	蓝	绿	蓝	黄	紫	蓝
绿	紫	绿	蓝	黑	红	黄	红	紫	红	蓝	绿
紫	黑	蓝	紫	黄	黑	紫	蓝	黄	绿	绿	黑
黄	红	黑	绿	黑	蓝	红	紫	绿	紫	黄	红
红	蓝	黄	红	蓝	紫	黄	红	黑	蓝	红	黄

时间：_____ 错误：_____

红	绿	紫	红	黑	紫	黑	绿	蓝	黑	蓝	红
黄	蓝	黄	蓝	黄	蓝	红	蓝	绿	黄	红	蓝
绿	黄	蓝	绿	红	绿	紫	黄	红	蓝	黄	绿
紫	黑	红	黄	蓝	黑	黄	黑	黄	红	绿	黄
蓝	红	绿	紫	绿	红	蓝	紫	黑	绿	黑	红

时间：_____ 错误：_____

黑	黄	红	蓝	红	黄	蓝	黑	蓝	绿	黄	蓝
绿	紫	绿	黄	黑	红	黑	黄	紫	蓝	红	黑
紫	绿	黄	绿	黄	蓝	黄	紫	黄	红	蓝	绿
蓝	红	蓝	红	绿	紫	绿	红	绿	紫	黑	紫
红	黄	黑	黄	紫	绿	蓝	绿	黑	黄	紫	红

时间：_____ 错误：_____

蓝	绿	蓝	红	绿	蓝	黄	绿	蓝	红	黄	黑
绿	红	紫	黑	黄	紫	绿	红	黑	绿	紫	红
紫	蓝	黄	紫	蓝	黄	紫	蓝	紫	黑	黄	蓝
黄	紫	绿	黄	紫	绿	蓝	黑	红	蓝	红	黑
红	黄	黑	蓝	红	黑	红	紫	黄	紫	蓝	黄

时间：_____ 错误：_____

红	黑	蓝	黄	红	黑	紫	蓝	黑	紫	蓝	紫
蓝	绿	红	蓝	黄	红	绿	黄	绿	蓝	紫	黑
紫	黄	黑	红	紫	绿	蓝	红	紫	红	黄	红
黑	红	紫	黑	绿	蓝	黄	绿	黄	蓝	绿	黄
黄	蓝	黄	绿	蓝	黄	红	紫	蓝	紫	红	蓝

时间：_____ 错误：_____

黑	紫	红	绿	紫	黑	红	绿	蓝	黑	紫	红
绿	红	蓝	黑	绿	紫	蓝	黄	紫	绿	黑	蓝
紫	蓝	紫	绿	蓝	红	紫	蓝	红	紫	红	紫
黄	绿	黑	紫	黄	绿	黑	紫	黄	红	黄	黑
蓝	黑	绿	黄	红	黄	绿	红	黑	蓝	绿	黄

时间：_____ 错误：_____

蓝	黑	黄	紫	红	绿	蓝	紫	红	绿	黄	黑
黄	绿	红	绿	蓝	黑	红	绿	黄	红	绿	黄
红	紫	蓝	红	紫	黄	紫	红	黑	紫	红	紫
绿	红	紫	黑	绿	红	绿	黄	蓝	黄	蓝	绿
黑	蓝	绿	蓝	黄	紫	黑	蓝	绿	红	紫	蓝

时间：_____　错误：_____

绿	紫	蓝	黑	蓝	绿	蓝	红	绿	黑	红	黄
蓝	黄	紫	红	紫	蓝	红	紫	蓝	红	黑	紫
黄	蓝	绿	紫	黄	红	黄	绿	黄	紫	黄	绿
紫	黑	红	黄	绿	紫	绿	黄	黑	黄	绿	蓝
红	绿	黄	蓝	黑	黄	紫	蓝	红	蓝	紫	红

时间：_____　错误：_____

蓝	黑	紫	红	蓝	黑	紫	黄	蓝	黄	绿	黄
紫	黄	蓝	黑	黄	蓝	黑	红	黄	紫	蓝	红
黄	红	绿	黄	紫	绿	红	蓝	绿	蓝	红	紫
绿	蓝	黑	绿	红	紫	黑	紫	红	绿	紫	蓝
黑	绿	红	紫	绿	红	黄	绿	蓝	黑	黄	绿

时间：_____　错误：_____

紫	黄	红	紫	红	黄	绿	黑	蓝	紫	蓝	红
蓝	紫	黑	红	绿	紫	蓝	黄	紫	绿	红	绿
绿	绿	蓝	绿	黑	红	黄	蓝	黄	黑	绿	黑
黑	红	紫	黄	蓝	绿	黑	紫	绿	红	紫	蓝
红	黄	绿	蓝	红	蓝	紫	红	黑	蓝	黄	紫

时间：_____ 错误：_____

绿	紫	红	黑	红	黄	蓝	绿	紫	黑	黄	紫
黑	绿	蓝	绿	蓝	紫	黄	黑	红	绿	红	黄
紫	蓝	紫	黄	紫	绿	红	紫	绿	蓝	紫	红
黄	黄	黑	红	绿	蓝	绿	红	黑	黄	绿	蓝
蓝	红	黄	蓝	黄	黑	紫	蓝	黄	红	蓝	黑

时间：_____ 错误：_____

黄	红	绿	蓝	紫	红	黑	绿	蓝	绿	紫	黑
红	蓝	黑	红	黄	蓝	绿	紫	黑	红	黄	绿
蓝	紫	黄	绿	蓝	紫	黄	蓝	红	绿	蓝	紫
紫	绿	红	黄	绿	黑	红	绿	黄	紫	绿	红
绿	黄	紫	黑	红	黄	蓝	红	黑	紫	红	蓝

时间：_____ 错误：_____

绿	黑	绿	红	黄	蓝	紫	蓝	红	黑	黄	黑
红	黄	蓝	绿	紫	黄	绿	紫	黄	绿	红	绿
紫	绿	红	紫	蓝	绿	蓝	红	蓝	紫	绿	黄
黄	蓝	黄	黑	红	黑	黄	黑	绿	黄	紫	红
红	黄	紫	黄	绿	蓝	红	黄	紫	绿	蓝	绿

时间：_____ 错误：_____

绿	紫	蓝	绿	黄	红	紫	蓝	绿	黑	红	绿
蓝	黄	紫	黑	紫	绿	黄	红	蓝	绿	紫	蓝
黄	蓝	绿	黄	红	蓝	绿	紫	红	紫	黑	黄
紫	黑	红	紫	蓝	黄	蓝	绿	紫	蓝	绿	黑
绿	红	黄	蓝	绿	紫	黑	黄	蓝	红	黄	紫

时间：_____ 错误：_____

红	黄	蓝	紫	黑	红	绿	红	蓝	绿	紫	蓝
蓝	紫	黄	蓝	绿	黄	红	黑	黄	蓝	绿	黄
紫	绿	红	绿	红	蓝	紫	黄	紫	黄	蓝	绿
黄	蓝	绿	黄	蓝	绿	黄	蓝	红	紫	黑	红
绿	黑	紫	红	黄	蓝	蓝	红	绿	红	绿	蓝

时间：_____ 错误：_____

黄	绿	红	黄	绿	紫	红	黄	蓝	绿	紫	黑
紫	蓝	紫	红	蓝	黑	紫	黑	黄	蓝	红	黄
绿	红	蓝	紫	黄	蓝	绿	黄	紫	蓝	绿	红
蓝	紫	黄	绿	紫	黄	红	绿	红	黄	蓝	绿
红	黄	绿	蓝	红	绿	黄	紫	绿	黄	黑	紫

时间：_____ 错误：_____

蓝	黑	绿	黑	黄	红	紫	黑	绿	黑	红	绿
紫	红	黄	蓝	绿	紫	黑	黄	红	蓝	黄	蓝
绿	紫	蓝	红	黄	蓝	绿	紫	黑	绿	黑	红
红	黄	黑	绿	绿	黄	红	绿	蓝	红	绿	紫
黄	蓝	紫	黄	蓝	黑	蓝	黄	紫	蓝	紫	黄

时间：_____ 错误：_____

蓝	紫	红	绿	紫	红	绿	紫	蓝	绿	黄	红
红	黄	蓝	黄	红	绿	蓝	黄	紫	黄	红	黑
绿	蓝	紫	红	绿	黑	黄	红	绿	红	紫	黄
黄	绿	黑	紫	黄	蓝	紫	黑	红	紫	绿	蓝
黑	红	黄	黑	蓝	紫	红	绿	黄	蓝	黑	紫

时间：_____ 错误：_____

红	黄	蓝	绿	紫	黑	蓝	黄	红	黑	黄	绿
黑	蓝	红	黄	蓝	红	紫	红	蓝	绿	蓝	红
黄	紫	紫	蓝	红	紫	绿	紫	黄	红	绿	蓝
绿	红	绿	红	黑	黄	黑	绿	黑	蓝	紫	黑
紫	绿	蓝	紫	黄	蓝	红	蓝	黄	绿	红	黄

时间：_____ 错误：_____

黑	黄	红	黄	蓝	红	紫	红	蓝	绿	蓝	紫
红	蓝	紫	黑	紫	绿	蓝	黄	绿	蓝	黄	绿
紫	绿	蓝	绿	红	黄	绿	蓝	紫	黄	绿	蓝
绿	红	黄	蓝	绿	紫	黑	紫	蓝	紫	红	黑
红	黄	黑	紫	黄	蓝	红	绿	黄	红	蓝	黄

时间：_____ 错误：_____

红	黄	黑	红	绿	黄	红	绿	黑	红	绿	紫
黄	紫	红	黑	黄	黑	蓝	紫	红	绿	紫	黑
蓝	绿	紫	黄	红	绿	黄	蓝	绿	黄	蓝	红
绿	蓝	黄	蓝	紫	红	黑	红	紫	蓝	黄	绿
紫	黑	绿	红	绿	蓝	紫	黄	蓝	紫	红	黄

时间：_____ 错误：_____

蓝	紫	黄	蓝	绿	黄	红	黑	黄	蓝	绿	黄
红	黄	绿	红	紫	黑	蓝	绿	红	黑	黄	蓝
紫	绿	红	绿	蓝	红	紫	红	紫	黄	蓝	绿
绿	红	蓝	紫	绿	紫	黑	蓝	绿	红	黄	紫
黄	蓝	绿	黄	红	蓝	绿	紫	红	紫	黑	黄

时间：_____ 错误：_____

蓝	紫	黄	红	黑	黄	红	蓝	黄	黑	绿	红
红	黄	蓝	紫	蓝	绿	黑	紫	红	蓝	黄	绿
绿	蓝	绿	蓝	绿	紫	黄	绿	紫	红	黑	黄
黄	绿	黑	黄	红	蓝	绿	红	绿	黄	蓝	黑
黑	红	紫	黑	蓝	红	紫	黄	蓝	紫	红	蓝

时间：_____ 错误：_____

红	绿	黑	黄	红	蓝	红	黄	黑	绿	蓝	紫
绿	黄	蓝	绿	紫	黑	黄	红	绿	红	紫	黄
蓝	红	绿	蓝	黄	绿	蓝	黑	紫	蓝	红	蓝
黄	紫	黄	黑	蓝	黄	绿	紫	绿	黑	黄	绿
黑	蓝	红	紫	绿	红	紫	蓝	黄	紫	黑	红

时间：_____ 错误：_____

黄	红	紫	黑	黄	蓝	紫	黄	绿	红	绿	红
蓝	黑	绿	蓝	红	紫	黄	红	紫	蓝	黄	绿
绿	紫	红	黄	蓝	黄	蓝	绿	黑	黄	蓝	黄
黑	绿	蓝	红	紫	绿	红	紫	绿	紫	黑	红
红	紫	黄	绿	黑	红	紫	黑	黄	红	紫	蓝

时间：_____ 错误：_____

红	绿	紫	黑	红	绿	紫	黑	红	黑	黄	蓝
绿	黄	蓝	红	黑	红	绿	紫	黄	绿	红	黑
黑	红	绿	紫	绿	黄	蓝	红	紫	红	紫	黄
蓝	紫	红	黄	蓝	紫	红	黄	黑	蓝	绿	红
紫	蓝	黄	绿	紫	蓝	黄	绿	蓝	紫	红	紫

时间：_____ 错误：_____

蓝	黄	绿	黄	绿	黑	蓝	紫	黑	黑	蓝	红
黄	紫	蓝	红	蓝	黄	紫	绿	黄	蓝	红	绿
绿	蓝	红	紫	黄	蓝	黄	黑	紫	红	紫	黑
红	绿	紫	蓝	黑	紫	绿	红	黄	紫	蓝	黄
蓝	黑	黄	绿	紫	红	蓝	黑	绿	红	黄	紫

时间：_____ 错误：_____

黑	红	蓝	紫	黄	黑	黄	紫	红	蓝	绿	黑
黄	绿	黑	蓝	紫	黄	绿	红	蓝	黄	蓝	黄
绿	黑	红	黄	蓝	紫	黑	黄	紫	黑	紫	绿
紫	蓝	紫	黑	红	绿	红	黑	蓝	绿	黑	红
红	绿	黄	红	黄	蓝	紫	绿	黄	红	蓝	绿

时间：_____ 错误：_____

红	紫	绿	黄	黑	蓝	红	绿	黑	绿	黄	黑
黑	蓝	黄	紫	红	紫	绿	黄	蓝	黄	紫	红
紫	红	蓝	红	绿	黄	蓝	红	绿	蓝	红	绿
绿	黄	紫	黑	蓝	绿	黄	紫	黄	紫	黑	蓝
黄	绿	红	蓝	紫	红	黑	蓝	红	黑	蓝	黄

时间：_____ 错误：_____

红	紫	黑	红	黄	黑	绿	紫	蓝	红	黑	蓝
蓝	红	黄	绿	紫	绿	紫	黑	红	蓝	红	紫
黑	黄	绿	紫	红	紫	蓝	红	绿	黄	蓝	绿
绿	蓝	紫	蓝	绿	黄	绿	蓝	紫	绿	紫	红
紫	绿	蓝	黑	蓝	红	黑	绿	黄	黑	绿	黑

时间：_____ 错误：_____

黑	红	黑	蓝	绿	红	紫	黄	绿	紫	黑	蓝
紫	绿	蓝	红	紫	黄	黑	蓝	紫	蓝	黄	红
红	黑	紫	绿	黑	紫	红	黑	蓝	黄	绿	紫
绿	黄	红	紫	蓝	绿	黄	紫	黑	红	紫	黑
黄	蓝	绿	黄	红	蓝	绿	红	黄	绿	蓝	绿

时间：_____ 错误：_____

绿	红	紫	黑	黄	蓝	红	黑	蓝	黑	红	绿
黄	绿	黄	蓝	绿	紫	绿	蓝	紫	红	绿	红
蓝	黄	蓝	红	蓝	红	蓝	红	绿	紫	蓝	黑
黑	紫	红	绿	紫	绿	黄	绿	红	黄	紫	蓝
紫	蓝	绿	黄	红	黄	黑	黄	黑	蓝	黑	紫

时间：_____ 错误：_____

紫	蓝	绿	红	蓝	绿	紫	蓝	红	紫	黑	绿
绿	黄	红	黑	黄	蓝	绿	黄	紫	黄	蓝	黄
蓝	紫	黄	蓝	紫	黄	蓝	红	绿	蓝	绿	蓝
黑	红	黑	黄	红	紫	黑	绿	黄	黑	红	紫
绿	黑	蓝	紫	绿	红	绿	紫	蓝	红	黄	黑

时间：_____ 错误：_____

绿	紫	蓝	紫	黑	红	紫	绿	蓝	红	蓝	紫
蓝	绿	黄	蓝	绿	黄	绿	蓝	黄	紫	黄	蓝
黄	蓝	紫	绿	红	蓝	黑	黄	红	绿	紫	黄
紫	黑	红	黄	蓝	绿	黄	紫	绿	黄	红	绿
红	绿	蓝	红	绿	紫	蓝	红	紫	黑	绿	红

时间：_____　错误：_____

黄	红	黑	蓝	紫	黄	黑	黄	蓝	红	黄	蓝
蓝	黄	红	紫	黑	绿	黄	红	黄	黑	红	黑
红	紫	绿	黄	红	紫	绿	黄	蓝	黄	绿	黄
黑	绿	蓝	绿	黄	红	蓝	绿	黑	红	蓝	绿
绿	蓝	黄	红	蓝	黑	紫	蓝	红	紫	绿	蓝

时间：_____　错误：_____

黄	蓝	红	黄	蓝	黑	紫	蓝	红	蓝	黑	黄
红	紫	黑	红	黄	红	绿	黄	绿	黄	绿	紫
蓝	绿	黄	蓝	黑	绿	蓝	红	黄	绿	紫	绿
黑	红	绿	紫	绿	蓝	黄	绿	红	蓝	红	红
紫	黄	紫	绿	蓝	黄	红	紫	黑	黄	红	黄

时间：_____　错误：_____

黄	绿	蓝	紫	红	黑	蓝	紫	黑	黄	绿	黄
红	黑	红	绿	蓝	绿	红	黄	绿	红	黑	绿
蓝	黄	紫	红	紫	黄	黑	红	紫	蓝	紫	红
紫	红	绿	黄	黑	红	紫	绿	红	紫	黄	蓝
绿	紫	黑	蓝	黄	蓝	黄	黑	蓝	绿	红	紫

时间：_____ 错误：_____

绿	黄	蓝	紫	红	绿	蓝	黑	黄	红	黄	黑
蓝	红	黑	绿	黄	红	黄	绿	紫	绿	紫	红
红	蓝	绿	红	黑	紫	绿	紫	绿	黑	红	蓝
紫	黑	紫	黄	蓝	黄	红	蓝	红	蓝	绿	黑
黄	紫	红	蓝	绿	红	紫	黄	黑	紫	蓝	黄

时间：_____ 错误：_____

蓝	红	绿	蓝	红	蓝	红	蓝	绿	蓝	黑	紫
紫	蓝	红	黑	绿	黄	黑	绿	红	黄	红	绿
红	绿	蓝	黄	紫	绿	黄	紫	蓝	黑	绿	蓝
绿	紫	黄	绿	蓝	红	绿	黄	紫	绿	蓝	黄
黑	黄	绿	蓝	黑	黄	紫	红	黄	蓝	黄	红

时间：_____ 错误：_____

红	紫	黑	蓝	黄	绿	蓝	紫	黄	绿	蓝	红
黄	绿	紫	红	紫	蓝	黄	蓝	红	紫	黑	绿
绿	红	黄	黑	蓝	黄	绿	黑	蓝	黄	紫	黑
紫	黑	红	紫	绿	红	紫	黄	黑	蓝	红	蓝
蓝	黄	蓝	黄	黑	紫	黄	绿	紫	红	黄	紫

时间：_____ 错误：_____

黑	紫	蓝	黑	红	绿	黑	蓝	绿	紫	红	绿
红	绿	黄	绿	蓝	红	黄	紫	黑	红	绿	蓝
绿	蓝	红	紫	绿	紫	红	绿	黄	绿	黑	黄
蓝	黄	绿	蓝	紫	黄	蓝	红	紫	红	蓝	紫
黄	红	紫	红	黄	红	紫	黄	蓝	紫	黄	红

时间：_____ 错误：_____

黄	紫	蓝	黑	红	蓝	黑	黄	紫	红	黑	黄
红	绿	红	绿	黑	黄	绿	红	绿	蓝	红	绿
蓝	黄	黑	紫	黄	绿	紫	蓝	红	紫	绿	蓝
黑	红	紫	红	绿	红	蓝	紫	黑	绿	蓝	紫
紫	蓝	黄	蓝	紫	黄	红	绿	蓝	黄	紫	红

时间：_____ 错误：_____

蓝	绿	黑	紫	黑	红	绿	紫	蓝	绿	紫	蓝
红	黑	绿	蓝	红	黑	紫	黄	绿	黄	蓝	红
紫	红	紫	红	蓝	黄	蓝	红	紫	红	绿	紫
绿	紫	蓝	黑	紫	绿	红	黑	红	紫	红	绿
黄	蓝	红	黄	蓝	紫	黄	绿	黄	蓝	黑	黄

时间：_____ 错误：_____

黑	紫	红	蓝	黑	黄	红	紫	黑	蓝	绿	红
红	蓝	黄	紫	绿	蓝	黄	绿	蓝	黄	黑	蓝
绿	黑	紫	黄	紫	红	紫	蓝	紫	红	绿	紫
蓝	黄	绿	红	黄	黑	绿	黄	红	绿	紫	黑
黄	红	黑	紫	蓝	绿	蓝	红	绿	黑	黄	绿

时间：_____ 错误：_____

紫	黄	蓝	绿	黑	红	黄	紫	红	黑	绿	蓝
红	黑	紫	蓝	绿	紫	红	蓝	黄	紫	红	绿
蓝	绿	红	黄	紫	蓝	绿	黄	绿	红	黄	紫
绿	红	黄	紫	红	黄	蓝	绿	黑	黄	蓝	黑
黑	紫	黑	红	蓝	绿	黑	红	蓝	绿	紫	黄

时间：_____ 错误：_____

黑	绿	黄	紫	蓝	红	绿	黄	黑	蓝	红	绿
黄	红	绿	蓝	红	蓝	黑	红	绿	黄	黑	紫
紫	蓝	红	紫	黄	紫	绿	蓝	紫	红	黄	绿
绿	黄	蓝	绿	紫	绿	蓝	紫	红	绿	蓝	黄
蓝	红	紫	黑	绿	黄	红	绿	蓝	黑	绿	蓝

时间：_____ 错误：_____

红	黄	绿	紫	蓝	红	紫	绿	黑	黄	绿	红
黄	紫	红	黑	绿	蓝	黑	黄	绿	紫	黄	蓝
紫	红	紫	黄	红	紫	绿	紫	黄	红	蓝	绿
绿	黑	蓝	红	黄	绿	黄	红	蓝	黑	紫	黑
黑	蓝	黄	蓝	黑	黄	红	黄	红	蓝	红	黄

时间：_____ 错误：_____

蓝	绿	黑	红	蓝	黑	紫	黄	蓝	红	绿	黑
黄	紫	红	黄	红	绿	黄	黑	红	蓝	黄	绿
红	蓝	绿	紫	黑	紫	蓝	红	黄	紫	蓝	紫
绿	黄	蓝	绿	紫	红	绿	黄	黑	绿	紫	黄
紫	红	黄	黑	蓝	黄	红	蓝	绿	黑	红	蓝

时间：_____ 错误：_____

黑	紫	红	蓝	紫	黑	蓝	红	紫	蓝	绿	紫
蓝	黄	绿	黄	绿	蓝	黄	绿	黑	紫	红	绿
紫	红	紫	红	蓝	黄	黑	紫	红	黄	蓝	黑
绿	蓝	黄	绿	黑	紫	绿	黑	蓝	绿	紫	黄
蓝	紫	蓝	紫	黄	红	蓝	黄	绿	红	黄	红

时间：_____　错误：_____

红	绿	蓝	紫	黑	红	黄	蓝	绿	黑	紫	红
绿	黄	紫	黄	蓝	黑	绿	红	黄	绿	黄	紫
蓝	黑	绿	红	绿	紫	黑	绿	紫	紫	蓝	黑
黄	紫	红	黑	红	绿	蓝	黄	红	蓝	黑	绿
紫	蓝	黄	绿	紫	蓝	红	黑	蓝	红	绿	黄

时间：_____　错误：_____

紫	绿	蓝	红	绿	紫	蓝	黄	红	绿	黑	黄
黄	蓝	紫	黑	黄	红	黑	红	绿	紫	红	蓝
红	黄	绿	黄	红	绿	紫	蓝	黑	红	黄	紫
黑	紫	红	蓝	紫	黄	绿	黑	蓝	黄	绿	红
绿	红	黄	紫	蓝	黑	蓝	黄	紫	黑	蓝	绿

时间：_____　错误：_____

蓝	紫	红	绿	黄	黑	蓝	紫	绿	红	黑	红
黄	绿	黑	紫	蓝	红	黄	蓝	紫	黑	黄	蓝
紫	蓝	紫	红	绿	黄	绿	绿	红	黄	紫	黑
红	黑	黄	蓝	紫	绿	红	黄	蓝	绿	绿	黄
绿	黄	绿	黄	红	蓝	紫	红	黄	紫	蓝	绿

时间：_____ 错误：_____

黑	蓝	红	紫	绿	黄	黑	红	紫	绿	蓝	黑
红	黄	蓝	黄	蓝	紫	红	紫	蓝	黑	黄	绿
紫	绿	紫	绿	红	黑	绿	蓝	红	黄	绿	红
黄	红	黄	红	紫	蓝	黄	绿	黑	紫	红	蓝
蓝	黑	绿	黑	黄	红	蓝	黑	绿	红	紫	黄

时间：_____ 错误：_____

蓝	黄	红	黑	蓝	黄	红	蓝	绿	黄	紫	红
黄	紫	黑	黄	绿	紫	黄	绿	红	蓝	黄	蓝
绿	绿	蓝	红	紫	绿	黑	紫	蓝	绿	红	紫
红	蓝	黄	绿	黄	蓝	绿	红	绿	黑	蓝	黄
紫	黑	紫	蓝	红	红	紫	绿	黑	蓝	绿	黑

时间：_____ 错误：_____

绿	黄	红	紫	蓝	绿	黄	红	蓝	紫	黄	绿
蓝	红	紫	黑	黄	蓝	黑	紫	黄	黑	红	蓝
红	紫	绿	蓝	绿	紫	绿	蓝	红	蓝	紫	黄
紫	绿	蓝	黄	红	黑	蓝	黄	绿	黄	绿	紫
黄	蓝	黄	绿	紫	黄	紫	黑	紫	绿	蓝	红

时间：_____ 错误：_____

紫	红	蓝	黄	黑	绿	红	紫	黄	黑	黄	红
红	黄	黑	红	蓝	紫	蓝	绿	紫	绿	紫	绿
黄	紫	黄	紫	黄	红	黑	蓝	红	黄	红	黄
蓝	黑	红	绿	紫	黄	绿	红	绿	蓝	绿	蓝
绿	蓝	紫	蓝	绿	蓝	紫	黄	蓝	紫	黄	黑

时间：_____ 错误：_____

黑	紫	绿	红	紫	蓝	绿	红	黄	黑	紫	蓝
红	黑	紫	蓝	红	紫	黄	绿	紫	蓝	黑	红
蓝	红	蓝	黑	黄	绿	黑	蓝	红	紫	红	黄
紫	蓝	绿	黄	蓝	红	蓝	黄	绿	红	蓝	紫
绿	黄	黑	紫	绿	黑	红	紫	蓝	绿	黄	黑

时间：_____ 错误：_____

蓝	紫	绿	黑	黄	红	黑	绿	紫	黄	蓝	红
红	蓝	紫	蓝	红	绿	蓝	紫	黑	蓝	紫	黄
紫	黄	蓝	紫	黑	黄	紫	蓝	红	黑	绿	黑
黑	红	黑	红	蓝	紫	黄	绿	黄	紫	红	绿
绿	黑	黄	绿	紫	蓝	红	黑	绿	红	黑	紫

时间：_____ 错误：_____

红	绿	蓝	黄	黑	绿	蓝	红	紫	黄	绿	红
绿	红	黑	紫	红	蓝	黑	黄	绿	红	蓝	黑
黑	紫	绿	红	绿	黄	红	绿	红	绿	红	黄
蓝	黄	紫	绿	蓝	红	黄	蓝	黄	黑	黄	绿
紫	蓝	红	蓝	黄	紫	绿	黑	蓝	紫	绿	紫

时间：_____ 错误：_____

黄	红	绿	蓝	紫	绿	蓝	红	绿	蓝	黄	紫
红	绿	黑	黄	蓝	红	黄	绿	蓝	紫	黑	绿
蓝	紫	黄	绿	黑	黄	紫	黑	红	黄	绿	蓝
黑	蓝	紫	红	黄	紫	绿	蓝	紫	绿	红	黄
紫	黑	红	黑	绿	蓝	红	紫	黄	黑	蓝	红

时间：_____ 错误：_____

绿	蓝	黑	红	紫	黄	蓝	黄	蓝	红	绿	黑
红	黄	紫	绿	黑	红	绿	红	黑	蓝	黄	绿
蓝	绿	黄	黑	红	绿	紫	蓝	黄	绿	蓝	紫
黄	紫	红	蓝	黄	黑	黄	黑	绿	紫	红	蓝
紫	黄	蓝	紫	绿	蓝	红	紫	蓝	黄	黑	黄

时间：_____ 错误：_____

黄	紫	红	黑	蓝	紫	黄	蓝	红	绿	紫	红
红	蓝	黑	黄	黑	黄	紫	黑	绿	红	黑	绿
蓝	绿	紫	蓝	紫	黑	绿	黄	紫	蓝	绿	黑
黑	黄	绿	红	绿	红	黑	紫	蓝	黑	黄	蓝
紫	红	蓝	绿	黄	绿	蓝	红	黑	黄	蓝	紫

时间：_____ 错误：_____

蓝	黑	黄	红	紫	蓝	黄	绿	蓝	黑	红	绿
黄	绿	红	绿	蓝	黑	绿	红	紫	黄	蓝	红
绿	紫	蓝	黄	绿	黄	紫	蓝	黄	蓝	绿	蓝
红	蓝	黑	蓝	黑	红	蓝	紫	绿	红	紫	黑
黄	红	紫	黑	红	绿	红	黄	黑	绿	黄	紫

时间：_____ 错误：_____

红	蓝	绿	黄	黑	红	蓝	黄	黑	绿	红	蓝
蓝	红	紫	绿	红	蓝	紫	红	黄	紫	黑	黄
绿	黄	蓝	黄	蓝	绿	黄	蓝	紫	黄	紫	红
黄	绿	红	蓝	绿	黄	绿	紫	黄	蓝	黄	绿
黑	紫	黄	紫	黄	紫	黑	绿	蓝	红	蓝	黑

时间：_____ 错误：_____

紫	黄	红	黑	蓝	紫	黄	绿	红	黑	蓝	黄
黄	蓝	紫	红	紫	黑	绿	黄	绿	黄	红	蓝
蓝	绿	蓝	紫	绿	黄	紫	红	黄	红	绿	红
绿	黑	黄	蓝	黄	红	蓝	紫	黑	蓝	紫	黑
红	紫	黑	黄	黑	蓝	红	绿	蓝	紫	黄	绿

时间：_____ 错误：_____

绿	红	黄	绿	红	黑	黄	红	黑	红	绿	黄
紫	蓝	黑	黄	黑	红	紫	黄	红	黑	黄	黑
蓝	黄	绿	红	黄	紫	绿	蓝	紫	黄	红	绿
红	黑	红	紫	蓝	黄	蓝	绿	黄	蓝	紫	红
黄	紫	蓝	绿	红	绿	黑	紫	绿	红	绿	蓝

时间：_____ 错误：_____

黄	绿	蓝	黄	黑	红	黄	绿	蓝	黄	紫	蓝
蓝	黄	黑	红	绿	蓝	黑	紫	红	绿	蓝	红
绿	蓝	黄	紫	红	紫	红	蓝	绿	红	绿	紫
紫	黄	红	绿	蓝	黑	紫	绿	紫	蓝	红	绿
黄	黑	紫	红	紫	绿	蓝	红	黄	绿	黄	黑

时间：_____ 错误：_____

紫	绿	红	黑	绿	红	黄	绿	红	黑	黄	红
黑	紫	绿	红	紫	蓝	黑	黄	黑	红	紫	黄
红	蓝	黄	绿	蓝	黄	绿	红	黄	紫	绿	蓝
绿	黄	蓝	紫	红	黑	红	紫	蓝	黄	蓝	绿
黄	红	紫	蓝	黄	紫	蓝	黑	红	绿	红	黑

时间：_____ 错误：_____

红	黄	红	绿	黄	紫	蓝	黄	黑	紫	红	黄
绿	紫	蓝	紫	红	黄	紫	红	蓝	绿	黑	蓝
黄	蓝	黄	黑	绿	蓝	绿	蓝	黄	红	紫	绿
紫	黑	紫	绿	蓝	红	黄	紫	红	蓝	绿	黑
蓝	紫	红	黄	黑	紫	红	黑	绿	黄	紫	红

时间：_____ 错误：_____

绿	蓝	黑	紫	绿	紫	绿	红	黑	蓝	黑	蓝
黄	红	黄	蓝	紫	蓝	红	紫	黄	红	绿	紫
蓝	紫	绿	黄	蓝	黑	紫	黄	紫	黑	紫	绿
紫	黑	紫	红	黑	黄	蓝	绿	蓝	紫	绿	黄
红	绿	蓝	绿	黄	绿	黄	蓝	绿	黄	蓝	红

时间：_____ 错误：_____

紫	蓝	绿	黑	黄	红	蓝	红	黄	黑	绿	红
黄	紫	红	绿	红	黄	紫	黑	绿	蓝	黄	绿
蓝	红	蓝	紫	黑	蓝	绿	黄	蓝	绿	红	蓝
绿	黄	黑	蓝	紫	绿	黄	蓝	黑	黄	紫	黄
红	黑	紫	黄	蓝	紫	红	绿	紫	红	蓝	黑

时间：_____ 错误：_____

红	紫	蓝	绿	黑	绿	红	黑	紫	红	蓝	黑
蓝	黄	红	黄	绿	蓝	黄	蓝	黑	紫	绿	红
紫	蓝	绿	红	紫	红	黑	绿	蓝	绿	黄	绿
黑	绿	黄	紫	蓝	紫	绿	红	绿	黄	绿	蓝
黄	红	黑	蓝	绿	黄	紫	黄	红	黑	蓝	黄

时间：_____ 错误：_____

绿	黄	黑	红	黄	蓝	黑	紫	绿	蓝	黄	红
红	蓝	绿	蓝	红	紫	红	蓝	黄	红	蓝	黑
蓝	绿	红	黄	紫	绿	紫	红	蓝	紫	黑	蓝
黑	紫	蓝	黑	绿	黑	黄	黑	红	绿	红	绿
黄	红	绿	黄	蓝	红	蓝	黄	紫	蓝	绿	紫

时间：_____ 错误：_____

红	绿	蓝	黑	紫	红	黄	黑	蓝	红	紫	黑
蓝	黑	黄	蓝	绿	黄	蓝	绿	紫	黄	蓝	红
紫	蓝	红	紫	黑	紫	红	紫	黄	紫	黑	绿
黑	紫	绿	红	黄	绿	黑	黄	红	绿	黄	蓝
绿	黄	黑	绿	红	蓝	绿	蓝	紫	黑	红	黄

时间：_____ 错误：_____

绿	蓝	红	蓝	紫	黄	黑	黄	紫	黑	红	紫
蓝	黄	紫	黄	蓝	绿	黄	红	蓝	绿	黄	绿
黄	红	绿	紫	绿	紫	绿	蓝	黑	红	蓝	黑
紫	绿	蓝	红	黄	红	蓝	绿	黄	蓝	绿	黄
红	紫	黑	绿	红	黑	紫	黑	绿	紫	黑	蓝

时间：_____ 错误：_____

紫	蓝	红	蓝	绿	紫	红	黑	紫	蓝	紫	绿
蓝	黄	紫	黄	蓝	绿	黄	绿	蓝	黄	绿	蓝
黄	黑	绿	红	黄	黑	蓝	红	绿	紫	蓝	黄
绿	红	黄	绿	紫	黄	绿	蓝	黄	红	黑	紫
红	绿	黑	紫	红	蓝	紫	绿	红	蓝	绿	红

时间：_____ 错误：_____

黄	绿	黄	黑	紫	蓝	黑	红	紫	黄	绿	黄
绿	黑	红	绿	黄	红	绿	蓝	绿	红	黑	红
红	紫	蓝	紫	红	黑	黄	紫	红	蓝	黄	蓝
蓝	黄	紫	红	绿	紫	红	黑	黄	绿	红	紫
黑	红	绿	蓝	黑	黄	紫	黄	蓝	黑	紫	绿

时间：_____ 错误：_____

蓝	绿	黑	红	紫	黄	红	黑	绿	蓝	黄	紫
绿	红	紫	黄	蓝	红	紫	绿	蓝	紫	黑	红
紫	黄	红	绿	黑	绿	蓝	紫	黄	红	绿	蓝
黑	蓝	黄	黑	绿	蓝	黄	红	紫	黄	紫	绿
黄	紫	绿	蓝	红	黑	绿	蓝	红	黑	红	黄

时间：_____ 错误：_____

绿	红	黑	蓝	黑	红	蓝	黄	黑	紫	红	绿
红	绿	红	紫	黄	蓝	紫	绿	蓝	黄	绿	黄
黑	蓝	紫	绿	红	绿	红	蓝	红	蓝	黄	蓝
蓝	紫	黄	红	绿	黄	绿	紫	绿	红	紫	黑
紫	黑	绿	黑	蓝	黑	黄	红	黄	绿	蓝	紫

时间：_____ 错误：_____

紫	蓝	红	蓝	绿	紫	红	黑	紫	绿	紫	绿
蓝	黄	紫	黄	蓝	绿	黄	绿	蓝	黄	绿	蓝
黄	紫	绿	红	黄	黑	蓝	红	绿	红	蓝	黄
绿	红	黄	绿	紫	黄	绿	蓝	黄	紫	黑	紫
红	绿	黑	紫	红	蓝	紫	黄	红	蓝	绿	红

时间：_____ 错误：_____

紫	红	黑	绿	黄	紫	红	绿	紫	蓝	绿	红
绿	蓝	绿	黄	紫	黑	黄	黑	红	绿	黄	蓝
黑	绿	黄	紫	红	绿	紫	蓝	黄	红	紫	黄
黄	黑	蓝	红	黑	黄	绿	紫	黑	黄	蓝	红
红	黄	红	黄	蓝	红	黑	红	蓝	黑	红	绿

时间：_____ 错误：_____

黄	红	黑	绿	红	黄	黑	蓝	黑	绿	蓝	绿
紫	黑	红	蓝	紫	红	黄	紫	红	紫	黑	蓝
绿	黄	蓝	黄	绿	蓝	红	黄	紫	黑	紫	红
蓝	绿	黄	紫	黄	绿	紫	绿	黄	红	黄	紫
红	黑	绿	红	蓝	紫	绿	黑	蓝	黄	绿	黄

时间：_____ 错误：_____

蓝	紫	黑	蓝	紫	黄	黑	蓝	紫	红	黑	黄
黄	蓝	红	紫	蓝	紫	黄	红	蓝	黑	黄	红
黑	绿	紫	黄	黑	绿	红	紫	绿	黄	蓝	紫
红	黑	黄	绿	红	蓝	紫	黄	黑	绿	紫	蓝
紫	红	蓝	黑	绿	黄	绿	黑	红	紫	红	绿

时间：_____ 错误：_____

黄	黑	蓝	红	蓝	紫	黑	紫	黄	红	蓝	黄
紫	绿	黄	绿	紫	黄	红	黄	红	黑	紫	红
绿	紫	绿	黄	红	蓝	绿	黑	蓝	黄	绿	蓝
红	蓝	红	蓝	绿	黑	蓝	绿	紫	绿	红	黑
黄	红	黄	黑	黄	红	黄	蓝	绿	紫	黄	紫

时间：_____ 错误：_____

黑	绿	红	紫	蓝	黄	蓝	黑	红	蓝	红	紫
蓝	紫	蓝	红	绿	紫	黄	绿	黄	紫	绿	蓝
黄	蓝	黑	黄	紫	红	绿	黄	绿	黑	黄	红
紫	绿	黄	蓝	红	绿	红	蓝	黑	黄	蓝	黄
绿	黑	紫	绿	黑	蓝	黑	紫	蓝	绿	黑	绿

时间：_____ 错误：_____

红	紫	黄	蓝	红	黑	紫	绿	紫	黑	红	黄
紫	黄	绿	红	蓝	绿	黄	蓝	红	紫	黄	红
蓝	红	紫	绿	紫	黄	红	黑	蓝	红	绿	蓝
黄	黑	蓝	黑	黄	红	绿	紫	绿	黄	黑	紫
绿	蓝	红	黄	绿	蓝	黑	红	黄	绿	蓝	绿

时间：_____ 错误：_____

蓝	绿	红	紫	蓝	黄	绿	黑	绿	黄	红	紫
紫	黄	绿	红	紫	红	蓝	红	蓝	红	黑	蓝
红	蓝	黄	蓝	绿	蓝	黄	绿	黄	蓝	绿	黄
绿	紫	蓝	黑	红	黑	紫	蓝	紫	绿	黄	绿
黄	红	黑	绿	黄	紫	红	黄	红	黑	紫	红

时间：_____ 错误：_____

绿	红	紫	蓝	黑	红	紫	黑	绿	红	绿	黑
黑	紫	蓝	绿	黄	蓝	绿	黄	紫	绿	紫	绿
红	黄	绿	红	紫	绿	红	紫	蓝	紫	红	紫
紫	绿	红	黑	蓝	紫	黑	蓝	红	黄	蓝	红
蓝	黑	黄	紫	红	黄	蓝	红	黄	蓝	紫	蓝

时间：_____ 错误：_____

绿	红	紫	黄	绿	蓝	紫	黑	红	紫	蓝	红
紫	蓝	黑	红	黄	紫	红	黄	蓝	黄	绿	蓝
蓝	黑	黄	紫	黑	红	蓝	紫	黄	蓝	红	紫
绿	黄	蓝	绿	蓝	绿	黄	红	绿	红	紫	绿
黑	紫	绿	蓝	红	黄	绿	蓝	紫	绿	黄	黑

时间：_____ 错误：_____

黑	蓝	红	紫	蓝	绿	紫	蓝	红	黄	黑	绿
绿	红	紫	绿	黄	紫	绿	黄	蓝	绿	蓝	黑
红	黑	绿	黑	紫	黄	黑	红	紫	红	黄	蓝
蓝	黄	黑	绿	红	蓝	绿	紫	黑	蓝	红	紫
紫	绿	黄	蓝	绿	红	黄	绿	黄	紫	绿	黄

时间：_____ 错误：_____

黄	蓝	红	黑	红	黄	黑	绿	蓝	黄	红	绿
黑	黄	绿	红	黄	蓝	红	黑	黄	黑	蓝	紫
绿	红	黄	紫	蓝	绿	紫	黄	红	绿	黄	蓝
红	紫	蓝	黄	绿	紫	黄	蓝	紫	红	黑	红
蓝	绿	红	绿	紫	红	绿	红	绿	蓝	紫	黄

时间：_____ 错误：_____

红	绿	蓝	黑	紫	红	黄	黑	蓝	红	紫	黑
蓝	黑	黄	蓝	绿	黄	蓝	绿	紫	黄	蓝	红
紫	绿	红	紫	蓝	紫	红	紫	黄	紫	黑	绿
黑	紫	绿	红	黄	绿	黑	黄	红	绿	黄	蓝
绿	黄	黑	绿	红	蓝	绿	蓝	紫	黑	红	紫

时间：_____ 错误：_____

紫	黑	红	紫	黄	蓝	红	黑	黄	红	黄	紫
蓝	绿	黄	蓝	绿	黄	绿	紫	红	黄	绿	蓝
黑	红	紫	绿	紫	红	紫	黄	蓝	紫	红	黑
黄	蓝	绿	黄	红	绿	黄	蓝	绿	蓝	黑	黄
红	紫	蓝	红	黑	紫	黑	绿	黑	绿	蓝	红

时间：_____ 错误：_____

黄	红	黑	蓝	黄	红	紫	绿	蓝	黄	黑	红
紫	绿	红	绿	紫	绿	蓝	红	黄	紫	黄	黑
绿	紫	蓝	黄	绿	黑	绿	蓝	红	绿	紫	绿
黑	蓝	绿	红	蓝	紫	黄	黑	绿	黑	红	黄
蓝	黑	黄	紫	黑	蓝	红	黄	黑	蓝	绿	蓝

时间：_____ 错误：_____

蓝	红	绿	黑	黄	蓝	绿	蓝	黑	红	绿	黄
黄	黑	紫	黄	红	紫	黑	红	黄	绿	紫	绿
红	紫	黄	紫	蓝	黄	红	黑	红	黄	红	蓝
绿	黄	蓝	绿	紫	绿	蓝	紫	蓝	黑	蓝	紫
黑	蓝	红	蓝	绿	黑	黄	绿	紫	蓝	黄	红

时间：_____ 错误：_____

绿	红	蓝	黑	黄	红	黑	绿	红	蓝	黄	紫
紫	黑	黄	绿	红	黑	绿	黄	蓝	红	黑	黄
绿	蓝	红	紫	黄	绿	紫	蓝	紫	黄	绿	蓝
黄	紫	绿	黄	紫	蓝	黄	紫	绿	黑	紫	绿
蓝	绿	黑	红	绿	黄	蓝	红	黑	绿	蓝	红

时间：_____ 错误：_____

红	绿	蓝	黑	紫	红	黄	黑	蓝	红	紫	黑
蓝	黑	黄	蓝	绿	黄	蓝	绿	紫	黄	蓝	红
紫	红	红	紫	蓝	紫	红	紫	黄	紫	黑	绿
黑	紫	绿	红	黄	绿	黑	黄	红	绿	黄	蓝
绿	黄	黑	绿	红	蓝	绿	蓝	紫	黑	红	紫

时间：_____ 错误：_____

蓝	绿	黄	紫	红	蓝	紫	黑	红	黄	蓝	黄
绿	紫	蓝	绿	绿	紫	黑	绿	蓝	紫	黄	红
红	蓝	红	蓝	紫	黄	红	紫	黄	红	绿	蓝
黄	红	绿	黄	蓝	绿	蓝	黄	绿	黑	红	黑
紫	黑	蓝	黄	黑	红	绿	红	黑	绿	紫	绿

时间：_____ 错误：_____

红	绿	紫	蓝	绿	红	绿	黄	黑	红	蓝	绿
蓝	黑	绿	黄	红	黑	红	绿	蓝	紫	绿	黑
紫	黄	蓝	红	黄	蓝	黄	蓝	紫	绿	黄	蓝
绿	红	黑	绿	黑	紫	蓝	黑	红	黄	红	紫
黄	紫	黄	紫	蓝	黄	紫	红	绿	蓝	紫	红

时间：_____ 错误：_____

绿	蓝	黄	红	黄	蓝	绿	红	蓝	黑	绿	红
黄	绿	红	黑	绿	红	黄	蓝	绿	紫	黄	绿
黑	紫	黑	绿	紫	黄	蓝	绿	黄	红	黑	紫
紫	黄	蓝	紫	蓝	绿	紫	黑	红	黄	绿	蓝
蓝	红	紫	蓝	黄	蓝	红	黄	紫	绿	蓝	黑

时间：_____ 错误：_____

黑	绿	红	蓝	黄	蓝	黄	红	蓝	红	黄	黑
绿	黄	蓝	黑	红	绿	红	黑	黄	绿	紫	绿
紫	蓝	绿	黄	蓝	紫	蓝	黄	绿	黄	绿	紫
蓝	红	紫	绿	黑	黄	紫	绿	红	蓝	红	蓝
黄	黑	黄	蓝	紫	红	绿	紫	黄	黑	黄	红

时间：_____ 错误：_____

黑	红	蓝	紫	绿	黑	紫	绿	红	紫	绿	红
红	蓝	黄	黑	紫	绿	黄	蓝	绿	红	黄	蓝
蓝	黄	绿	红	蓝	紫	红	黄	黑	绿	紫	绿
紫	绿	紫	蓝	绿	黄	黑	紫	蓝	黄	红	黑
绿	黑	红	绿	黑	红	绿	红	紫	蓝	黑	黄

时间：_____ 错误：_____

绿	红	黑	蓝	绿	黄	红	蓝	黑	紫	蓝	红
黄	蓝	绿	红	紫	紫	黄	红	黄	红	绿	蓝
紫	黄	紫	黄	蓝	红	紫	蓝	绿	黄	红	紫
红	绿	黄	紫	黑	绿	绿	黑	紫	蓝	黄	绿
黄	蓝	红	黑	黄	蓝	黑	绿	蓝	绿	黑	黄

时间：_____ 错误：_____

黑	黄	蓝	红	绿	紫	蓝	黄	绿	蓝	紫	绿
绿	黑	黄	绿	红	蓝	黑	红	紫	红	蓝	黄
红	绿	紫	黑	蓝	绿	紫	蓝	黄	绿	黑	蓝
蓝	紫	红	蓝	黑	黄	绿	黑	蓝	紫	红	黄
紫	蓝	绿	紫	黄	红	黄	紫	红	黄	绿	黑

时间：_____ 错误：_____

蓝	紫	红	黄	绿	黑	黄	绿	黄	红	紫	蓝
紫	红	黄	紫	蓝	紫	蓝	黑	红	蓝	绿	黄
红	绿	紫	绿	黄	红	紫	黄	绿	紫	黑	红
黄	黑	绿	蓝	红	黄	绿	红	蓝	绿	黄	绿
黑	黄	蓝	黑	紫	绿	红	蓝	黑	黄	红	紫

时间：_____ 错误：_____

绿	蓝	红	紫	黑	黄	红	紫	蓝	黑	绿	红
紫	黄	蓝	黄	红	黑	绿	蓝	黄	蓝	黄	绿
蓝	黑	黄	绿	蓝	紫	黄	红	绿	黄	红	紫
黄	绿	黑	蓝	紫	绿	蓝	黑	红	紫	蓝	黑
红	紫	绿	红	黄	蓝	红	黄	紫	红	黑	黄

时间：_____ 错误：_____

绿	黄	蓝	黑	紫	红	蓝	黑	紫	蓝	黑	红
蓝	紫	红	紫	绿	黄	黑	红	绿	黑	绿	蓝
黄	蓝	黑	黄	红	绿	红	绿	蓝	绿	紫	黄
红	绿	紫	红	黑	紫	绿	蓝	黄	紫	蓝	紫
紫	黑	黄	蓝	黄	蓝	紫	黄	红	黄	红	绿

时间：_____ 错误：_____

红	黑	紫	绿	红	黑	蓝	黑	红	蓝	黄	黑
绿	红	黑	红	绿	红	紫	蓝	绿	紫	绿	蓝
蓝	紫	红	黄	蓝	紫	绿	红	黑	红	蓝	红
紫	黄	绿	紫	黑	黄	红	绿	黄	绿	紫	绿
黑	蓝	黄	蓝	黄	绿	黑	黄	蓝	黄	红	黄

时间：_____ 错误：_____

蓝	绿	紫	红	黄	绿	红	蓝	绿	蓝	黑	绿
紫	黑	红	黄	紫	蓝	绿	黄	黑	紫	黄	蓝
黄	蓝	绿	蓝	绿	黄	黑	绿	黄	绿	红	紫
绿	红	黄	绿	蓝	紫	蓝	红	紫	红	蓝	黄
红	黄	蓝	紫	黑	红	黄	紫	蓝	黄	紫	红

时间：_____ 错误：_____

绿	黄	红	绿	黑	红	紫	黄	绿	蓝	红	黄
黄	黑	蓝	紫	红	绿	蓝	红	紫	黑	绿	红
红	绿	黄	蓝	绿	黄	黑	蓝	黄	紫	黑	紫
紫	红	黑	红	紫	蓝	黄	黑	蓝	红	蓝	绿
黑	蓝	紫	黄	蓝	紫	绿	紫	红	黄	紫	蓝

时间：_____ 错误：_____

紫	绿	红	黑	黄	蓝	绿	黑	红	蓝	绿	紫
黑	黄	黑	黄	紫	红	黑	绿	蓝	红	黄	蓝
红	蓝	黄	红	绿	黄	绿	紫	黑	黄	蓝	红
绿	黄	蓝	紫	蓝	黑	紫	红	绿	紫	红	黑
黄	红	紫	绿	红	紫	黄	蓝	黄	绿	紫	黄

时间：_____ 错误：_____

绿	黄	黑	红	黄	红	黑	红	黑	红	绿	紫
红	蓝	绿	蓝	绿	黄	绿	蓝	紫	蓝	黄	黑
蓝	绿	红	黄	紫	蓝	紫	黄	红	紫	蓝	红
黑	紫	黄	黑	红	绿	黄	黑	绿	黑	紫	黄
黄	红	紫	绿	蓝	紫	蓝	绿	黄	绿	红	绿

时间：_____ 错误：_____

蓝	黄	绿	红	黑	蓝	绿	黄	黑	红	绿	黄
紫	红	紫	绿	红	紫	红	蓝	绿	蓝	黄	黑
绿	紫	蓝	黄	紫	黑	蓝	绿	红	黄	蓝	紫
黑	绿	红	蓝	黄	绿	黑	紫	蓝	黑	红	绿
红	蓝	黄	紫	绿	红	黄	红	绿	黄	紫	蓝

时间：_____ 错误：_____

紫	绿	黑	红	绿	紫	蓝	红	黑	黄	绿	紫
黑	紫	红	蓝	黄	黑	紫	黄	红	黑	黄	黑
红	蓝	绿	黄	红	黄	绿	蓝	紫	绿	红	黄
绿	黄	紫	黑	紫	蓝	黑	绿	黄	红	紫	蓝
黄	红	蓝	紫	黑	红	黄	黑	绿	蓝	绿	红

时间：_____ 错误：_____

红	蓝	黄	绿	蓝	黑	红	黄	红	黑	红	蓝
绿	黄	绿	红	紫	黄	蓝	紫	黄	红	黑	黄
黄	黑	紫	蓝	黄	蓝	黄	绿	蓝	紫	黄	红
蓝	红	蓝	紫	绿	红	黑	蓝	绿	黄	蓝	紫
黑	绿	红	黄	黑	绿	紫	黑	紫	绿	红	绿

时间：_____ 错误：_____

蓝	黑	红	绿	黄	绿	蓝	紫	绿	黄	红	蓝
黄	绿	蓝	红	蓝	黑	红	绿	黑	绿	黑	黄
绿	紫	绿	蓝	黑	黄	紫	红	黄	红	蓝	紫
红	蓝	紫	黑	紫	红	绿	黄	紫	蓝	黄	红
黄	红	黄	紫	绿	紫	黑	蓝	红	紫	绿	黑

时间：_____ 错误：_____

红	黑	蓝	紫	黑	黄	红	蓝	紫	黑	红	绿
蓝	绿	红	黄	绿	红	蓝	黑	绿	紫	蓝	黄
紫	黄	黑	红	紫	绿	紫	绿	蓝	红	紫	蓝
黑	红	紫	绿	红	紫	黑	紫	黄	绿	黑	紫
黄	蓝	黄	黑	蓝	黑	绿	黄	红	黄	绿	红

时间：_____ 错误：_____

黑	紫	蓝	黄	紫	红	蓝	绿	蓝	红	黑	绿
绿	红	紫	绿	黑	蓝	黄	红	黄	紫	蓝	黄
紫	蓝	红	紫	红	紫	绿	黄	紫	绿	蓝	红
黄	绿	黄	红	黄	绿	红	黑	绿	黄	红	紫
蓝	黑	绿	蓝	绿	黄	黑	蓝	红	蓝	黄	黑

时间：_____ 错误：_____

绿	红	紫	黑	黄	蓝	红	紫	黑	蓝	绿	红
黄	绿	黄	蓝	绿	紫	黄	绿	蓝	黄	黑	蓝
蓝	黄	蓝	红	蓝	红	紫	黑	紫	红	蓝	紫
黑	紫	红	绿	紫	黄	黑	黄	红	绿	紫	黑
紫	蓝	绿	黄	红	绿	蓝	红	绿	黑	黄	绿

时间：_____ 错误：_____

黑	紫	红	蓝	黑	黄	红	绿	红	蓝	黄	紫
红	蓝	黄	紫	绿	蓝	绿	黄	蓝	紫	红	黄
绿	黑	紫	绿	紫	绿	黄	蓝	黄	黑	绿	蓝
蓝	黄	绿	红	黄	红	紫	黑	紫	绿	紫	红
黄	红	黑	黄	蓝	黑	蓝	紫	红	黄	黑	紫

时间：_____ 错误：_____

黑	黄	绿	蓝	红	黄	紫	黑	蓝	绿	紫	红
绿	红	黄	绿	紫	黑	蓝	红	绿	紫	黄	绿
黄	紫	黑	红	黄	绿	黑	绿	紫	黑	绿	蓝
红	蓝	红	黄	蓝	红	绿	蓝	黄	红	蓝	黑
紫	黑	蓝	紫	绿	蓝	红	紫	红	蓝	黄	紫

时间：_____　错误：_____

蓝	绿	蓝	红	黑	蓝	黄	绿	蓝	红	黄	黑
绿	红	紫	黑	黄	紫	绿	红	黑	绿	紫	红
紫	蓝	黄	紫	蓝	红	紫	蓝	紫	黑	绿	蓝
黄	紫	绿	黄	绿	黄	蓝	黑	红	蓝	红	绿
红	黄	黑	蓝	红	黑	红	紫	黄	紫	黑	黄

时间：_____　错误：_____

黄	红	紫	黑	黄	蓝	红	紫	黑	红	蓝	黄
蓝	黑	绿	蓝	红	紫	黄	红	绿	黑	黄	黑
绿	紫	红	黄	蓝	黄	紫	蓝	紫	黄	红	绿
黑	绿	蓝	红	紫	绿	蓝	绿	黄	蓝	紫	红
红	紫	黄	绿	黑	红	绿	黑	绿	红	绿	蓝

时间：_____　错误：_____

红	紫	黄	黑	黄	紫	红	绿	黑	红	绿	紫
黑	蓝	绿	绿	红	绿	蓝	紫	红	绿	紫	黑
绿	黄	红	紫	蓝	红	黄	蓝	绿	黄	蓝	红
紫	红	蓝	蓝	紫	黑	黑	红	紫	蓝	黄	绿
蓝	绿	紫	红	绿	蓝	紫	黄	蓝	紫	红	黄

时间：_____ 错误：_____

蓝	红	黑	蓝	紫	黄	绿	红	黑	蓝	黑	红
黄	黑	绿	红	绿	红	黄	绿	红	紫	黄	蓝
绿	黄	紫	黑	黄	蓝	黑	蓝	紫	绿	红	绿
红	绿	红	紫	红	黑	蓝	紫	黄	红	绿	黄
黄	紫	蓝	黄	黑	紫	红	黑	绿	黑	蓝	黑

时间：_____ 错误：_____

红	绿	黑	黄	蓝	红	黄	黑	红	黄	紫	蓝
绿	黄	蓝	红	紫	黑	绿	蓝	紫	蓝	黄	红
黄	黑	红	紫	绿	黄	紫	绿	蓝	绿	蓝	绿
黑	蓝	黄	绿	红	绿	蓝	红	黄	黑	绿	黄
蓝	红	紫	蓝	黄	紫	红	蓝	黑	紫	红	黑

时间：_____ 错误：_____

黑	红	绿	蓝	黄	黑	红	绿	紫	黑	红	蓝
绿	黄	黑	紫	红	绿	黄	紫	黄	蓝	绿	红
紫	蓝	绿	黄	蓝	黄	紫	绿	黑	红	紫	绿
黄	绿	紫	红	紫	蓝	绿	黄	蓝	黄	黑	紫
蓝	紫	黄	紫	绿	紫	黑	蓝	红	绿	蓝	黄

时间：_____ 错误：_____

黄	蓝	黑	红	紫	蓝	黑	红	紫	黄	蓝	黑
绿	黑	红	黄	黑	黄	绿	黄	绿	蓝	红	黄
紫	黄	绿	紫	黄	绿	红	蓝	黑	红	紫	蓝
红	绿	蓝	绿	蓝	红	蓝	绿	黄	黑	绿	红
黑	蓝	黄	蓝	绿	紫	绿	紫	蓝	绿	黄	绿

时间：_____ 错误：_____

紫	黄	红	绿	蓝	紫	红	紫	黑	红	绿	黑
绿	蓝	黑	蓝	黄	红	黄	绿	黄	紫	黑	黄
红	黑	紫	黄	紫	绿	蓝	黑	蓝	黄	黄	蓝
黄	紫	绿	紫	红	黄	绿	黄	红	绿	红	紫
蓝	绿	黄	红	绿	蓝	紫	蓝	绿	蓝	紫	绿

时间：_____ 错误：_____

绿	红	紫	蓝	黑	黄	红	绿	黑	蓝	紫	黄
紫	黑	蓝	红	绿	蓝	绿	紫	绿	红	黑	黄
蓝	紫	黄	绿	蓝	黑	紫	蓝	紫	绿	红	绿
黄	绿	红	紫	黄	紫	蓝	黑	黄	紫	蓝	紫
黑	蓝	绿	黄	绿	红	黑	黄	红	黄	绿	蓝

时间：_____ 错误：_____

绿	蓝	红	绿	黑	紫	蓝	绿	红	紫	黑	红
红	黄	蓝	黄	蓝	黄	红	黑	蓝	绿	绿	黄
紫	红	绿	紫	黄	蓝	紫	黄	绿	黄	紫	蓝
黄	绿	黄	蓝	紫	黑	绿	紫	黄	蓝	红	绿
蓝	紫	黑	红	绿	红	黄	蓝	紫	红	蓝	紫

时间：_____ 错误：_____

蓝	红	黑	黄	绿	蓝	紫	红	黄	黑	绿	黑
黄	绿	紫	蓝	紫	黄	绿	紫	蓝	黄	黑	绿
绿	蓝	红	绿	黄	紫	黄	绿	红	蓝	紫	红
红	黄	蓝	紫	红	绿	红	蓝	黑	绿	黄	蓝
紫	黑	黄	黑	蓝	红	黑	黄	绿	紫	蓝	黄

时间：_____ 错误：_____

黄	紫	红	蓝	黄	绿	黑	红	蓝	绿	紫	黄
黑	蓝	黄	黑	蓝	黑	黄	紫	黄	红	绿	红
红	绿	蓝	红	紫	黄	红	蓝	绿	黄	蓝	黑
绿	黄	紫	绿	红	蓝	绿	黄	红	紫	黑	绿
紫	红	绿	黄	绿	红	紫	绿	黑	蓝	红	蓝

时间：_____ 错误：_____

蓝	黄	紫	黑	红	蓝	绿	紫	黄	红	蓝	黄
紫	红	蓝	绿	黑	紫	黄	红	蓝	紫	黑	绿
绿	蓝	绿	红	黄	绿	蓝	黄	绿	蓝	紫	紫
黄	黑	黄	蓝	绿	黑	红	蓝	黑	黄	绿	蓝
黑	紫	红	黄	蓝	黄	紫	黑	紫	黑	黄	红

时间：_____ 错误：_____

红	黄	黑	绿	蓝	黄	红	黑	绿	黄	红	蓝
绿	蓝	紫	黑	紫	黑	蓝	绿	紫	红	黑	黄
黑	紫	蓝	紫	绿	蓝	黄	红	黄	绿	黄	黑
蓝	绿	红	黄	黑	红	黑	蓝	红	紫	蓝	紫
紫	红	绿	蓝	黄	紫	绿	紫	黄	蓝	黑	绿	红

时间：_____ 错误：_____

黄	黑	红	紫	绿	黄	黑	蓝	紫	黄	红	蓝
紫	黄	紫	黑	蓝	绿	红	紫	黑	紫	紫	黄
绿	蓝	绿	黄	红	紫	蓝	绿	黄	绿	蓝	绿
蓝	绿	黄	红	紫	黑	黄	红	绿	红	蓝	红
黑	紫	黑	蓝	黄	红	绿	黑	蓝	蓝	黄	紫

时间：_____   错误：_____

红	黑	黄	紫	绿	红	蓝	黄	绿	红	黄	蓝
绿	蓝	红	黄	蓝	黄	紫	红	黄	紫	绿	紫
黄	红	蓝	绿	黄	黑	绿	蓝	黑	蓝	紫	黄
紫	绿	黑	红	紫	绿	红	黑	紫	黄	蓝	红
蓝	黄	紫	蓝	红	蓝	黑	紫	蓝	黑	红	绿

时间：_____   错误：_____

紫	蓝	黄	红	绿	紫	红	黄	黑	蓝	黄	绿
绿	黄	绿	黄	蓝	黄	绿	红	绿	黄	红	黄
蓝	红	蓝	紫	黄	绿	黄	蓝	紫	红	蓝	黑
黄	绿	紫	绿	紫	红	蓝	紫	蓝	绿	紫	红
红	紫	黑	蓝	红	蓝	黑	绿	红	紫	绿	蓝

时间：_____   错误：_____

黑	紫	蓝	红	黑	蓝	绿	紫	蓝	红	紫	黄
绿	红	黄	蓝	绿	黄	紫	绿	黄	紫	绿	红
红	蓝	黑	绿	紫	红	蓝	黄	绿	蓝	黑	蓝
蓝	绿	绿	紫	红	绿	黄	黑	红	黄	蓝	紫
绿	黑	黄	黑	蓝	紫	红	绿	紫	黑	红	绿

时间：_____ 错误：_____

红	蓝	紫	红	蓝	黑	黄	蓝	紫	黑	红	蓝
紫	黄	绿	黑	红	蓝	绿	黄	黄	绿	蓝	黄
蓝	紫	蓝	黄	绿	黄	紫	红	绿	紫	黄	黑
黄	红	黑	蓝	紫	红	蓝	绿	蓝	红	紫	绿
黑	绿	红	紫	黑	绿	红	紫	黑	蓝	绿	黄

时间：_____ 错误：_____

黄	红	蓝	紫	黄	绿	紫	黑	红	紫	绿	红
绿	蓝	紫	绿	红	紫	红	绿	黄	蓝	黑	黄
蓝	黄	绿	黄	紫	黑	蓝	红	紫	绿	黄	黑
紫	绿	红	蓝	黑	黄	绿	蓝	绿	红	紫	绿
黑	黄	黑	红	绿	红	黑	绿	蓝	黄	红	蓝

时间：_____ 错误：_____

红	黄	绿	蓝	黄	紫	黄	蓝	黑	红	绿	黄
绿	黑	黄	黄	红	绿	红	紫	绿	黄	蓝	红
黄	蓝	黑	红	蓝	黑	绿	黄	紫	黑	黄	蓝
蓝	红	紫	绿	紫	蓝	紫	红	蓝	绿	紫	黑
黑	紫	蓝	紫	绿	红	蓝	绿	红	蓝	红	紫

舒尔特专注力训练游戏 ❼

趣味游戏练习

编著 王颖

民主与建设出版社
北京

© 民主与建设出版社，2022

图书在版编目(CIP)数据

舒尔特专注力训练游戏：全7册 / 王颖编著．--北京：民主与建设出版社，2022.11
ISBN 978-7-5139-4028-3

Ⅰ．①舒… Ⅱ．①王… Ⅲ．①注意－能力培养－通俗读物 Ⅳ．①B842.3-49

中国版本图书馆 CIP 数据核字（2022）第216054号

舒尔特专注力训练游戏（全7册）
SHU'ERTE ZHUANZHULI XUNLIAN YOUXI QUAN7CE

编　　著	王　颖
责任编辑	刘树民
封面设计	关欣竹
出版发行	民主与建设出版社有限责任公司
电　　话	（010）59417747　59419778
社　　址	北京市海淀区西三环中路10号望海楼E座7层
邮　　编	100142
印　　刷	唐山才智印刷有限公司
版　　次	2022年11月第1版
印　　次	2022年12月第1次印刷
开　　本	787毫米×1092毫米　1/16
印　　张	25.75
字　　数	70千字
书　　号	ISBN 978-7-5139-4028-3
定　　价	168.00元

注：如有印、装质量问题，请与出版社联系。

舒尔特方格

　　舒尔特方格是世界公认的简单、有效、科学的注意力训练方法。设计之初是用来训练、考核飞行员的专注力。随着专注力的重要性被越来越多的人意识到，舒尔特方格也逐渐走进大众的视野。

　　早在19世纪，马克思根据自己的切身经历提出了"天才就是集中注意力"的著名论断，同时法国著名生物学家乔治·居维叶也说"天才，首先是注意力"。孩子学习路上最大的拦路虎就是专注力不够，上课集中注意力时间短、不能遵守课堂纪律、写作业速度慢等都是专注力差的表现。而专注力经过系统的培养和矫正是可以改善的，这也是舒尔特方格被大众认可的原因。

　　专注力培养并非一蹴而就，就孩子而言更是需要长期练习提升，选择一个适合的方式很重要。为此本系列图书在传统舒尔特方格基础上，还汇集多种专注力提升的趣味训练方式，更利于激发孩子兴趣。家长与孩子一起或几个练习者之间的竞技式训练，会增强训练的趣味性和目的性，效果更佳。

　　趣味训练包含了悬点、英文字母、划消、异形数字、反义词、单词对对碰、成语接龙、古诗词八大主题。每个主题根据难易程度呈现数个训练内容。多样性和阶梯性的设计更有利于孩子完成专注力的提升。

注意事项：

1. 每天训练15-20分钟，训练时间可以选择每天一个固定时间，帮助孩子养成学习习惯；
2. 坚持连续性训练，训练30-60天后会有明显效果；
3. 因是趣味练习，难易程度不同，先培养孩子的学习兴趣，再进行能力提升；
4. 每个孩子都是独一无二的，训练结果同自己以往成绩对比就好；
5. 失败了也没关系，鼓励孩子不放弃，孩子的自信心是成功的关键。

悬点

训练方法：轻握笔，将整个手肘抬起来，由起点开始快速向圆圈内打点，碰边、点在圈外都算错，整个过程计时。

用时_____秒 错误数_____   用时_____秒 错误数_____

用时_____秒 错误数_____   用时_____秒 错误数_____

用时_____秒 错误数_____   用时_____秒 错误数_____

轻握笔，将整个手肘抬起来，由起点开始快速向圆圈内打点，碰边、点在圈外都算错，整个过程计时。

用时_____秒 错误数_____   用时_____秒 错误数_____

用时_____秒 错误数_____   用时_____秒 错误数_____

用时_____秒 错误数_____   用时_____秒 错误数_____

轻握笔，将整个手肘抬起来，由起点开始快速向圆圈内打点，碰边、点在圈外都算错，整个过程计时。

用时_____秒 错误数_____   用时_____秒 错误数_____

用时_____秒 错误数_____   用时_____秒 错误数_____

用时_____秒 错误数_____   用时_____秒 错误数_____

轻握笔，将整个手肘抬起来，由起点开始快速向圆圈内打点，碰边、点在圈外都算错，整个过程计时。

用时_____秒　错误数_____

用时_____秒　错误数_____

轻握笔，将整个手肘抬起来，由起点开始快速向圆圈内打点，碰边、点在圈外都算错，整个过程计时。

用时_____秒 错误数_____

用时_____秒 错误数_____

轻握笔，将整个手肘抬起来，由起点开始快速向圆圈内打点，碰边、点在圈外都算错，整个过程计时。

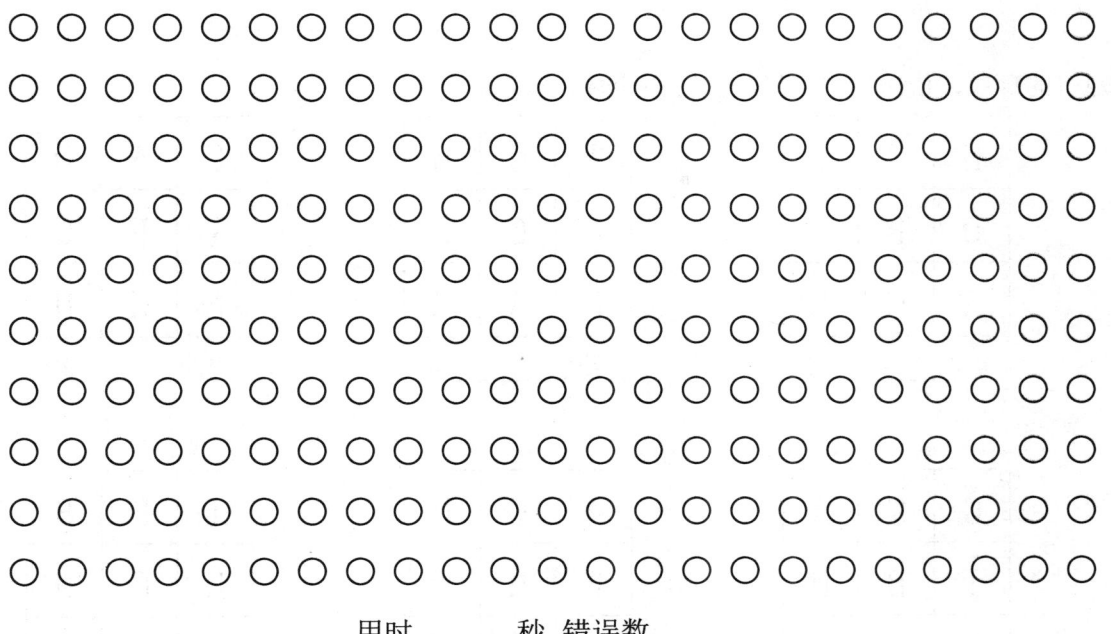

用时_____秒 错误数_____

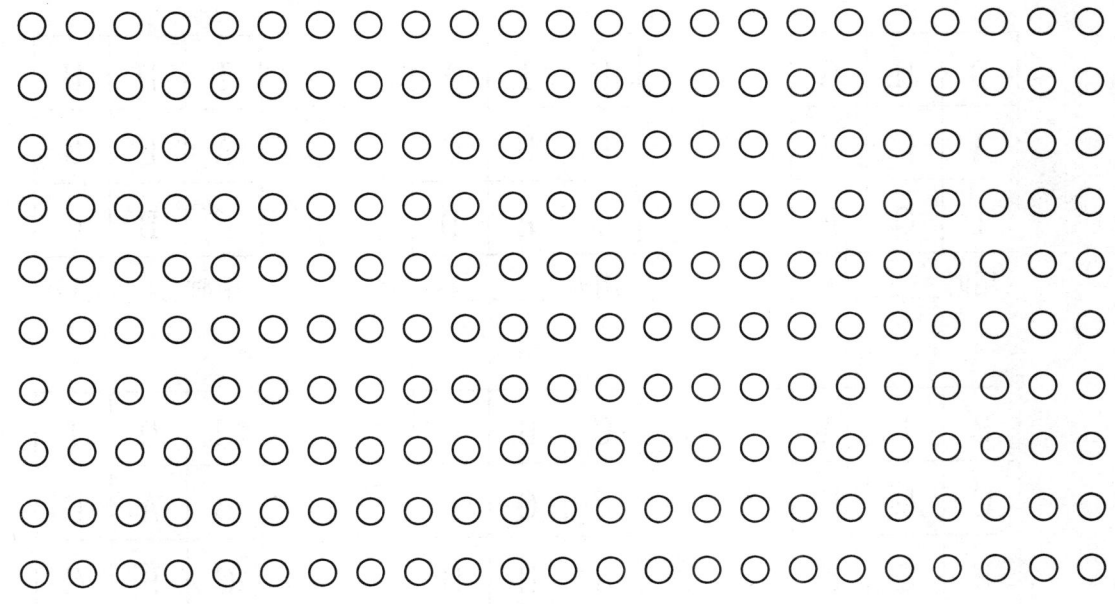

用时_____秒 错误数_____

英文字母

训练方法：按顺序，依次指出字母的位置并记录所用时间。

按A-I的顺序，依次指出字母的位置并计时。

H	G	I
D	F	B
A	C	E

用时_____秒

I	G	H
E	C	D
F	A	B

用时_____秒

B	A	D
I	F	C
E	G	H

用时_____秒

G	C	A
I	B	H
D	E	F

用时_____秒

A	G	D
E	H	I
B	F	C

用时_____秒

I	D	B
E	G	H
C	A	F

用时_____秒

D	H	G
A	F	B
I	C	E

用时_____秒

F	I	A
B	H	G
C	E	D

用时_____秒

I	D	H
A	E	G
F	B	C

用时_____秒

B	I	A
C	D	H
F	G	E

用时_____秒

C	B	E
F	G	I
A	H	D

用时_____秒

H	D	I
B	A	E
C	F	G

用时_____秒

按A-I的顺序，依次指出字母的位置并计时。

A	I	C
H	F	D
E	B	G

用时_____秒

H	I	A
C	D	E
B	G	F

用时_____秒

D	I	E
H	F	G
B	C	A

用时_____秒

I	F	B
D	E	A
G	C	H

用时_____秒

E	G	A
H	D	B
C	F	I

用时_____秒

D	C	H
I	F	B
E	G	A

用时_____秒

A	G	D
C	H	F
I	E	B

用时_____秒

I	E	D
G	C	H
F	B	A

用时_____秒

B	E	A
I	H	D
G	C	F

用时_____秒

G	B	I
C	E	A
D	F	H

用时_____秒

C	E	B
I	A	F
H	G	D

用时_____秒

A	H	G
I	D	E
B	C	F

用时_____秒

G	C	E
I	A	F
D	H	B

用时_____秒

D	I	H
F	C	B
A	G	E

用时_____秒

B	D	I
C	E	A
H	F	G

用时_____秒

按A-P的顺序，依次指出字母的位置并计时。

J	H	C	O
F	N	K	I
L	G	A	D
E	B	M	P

用时_____秒

A	B	E	C
D	O	G	F
L	H	K	P
J	N	M	I

用时_____秒

F	L	A	G
I	C	B	P
D	M	E	J
H	N	O	K

用时_____秒

N	E	H	L
J	C	A	B
K	M	O	I
P	G	F	D

用时_____秒

H	M	I	J
N	E	G	C
K	A	F	L
O	D	B	P

用时_____秒

P	B	K	N
L	H	E	J
G	M	O	C
D	A	I	F

用时_____秒

L	C	J	N
H	F	D	P
E	O	B	M
I	G	K	A

用时_____秒

P	E	A	O
H	I	F	J
N	M	L	G
C	D	K	B

用时_____秒

B	P	C	A
M	K	N	J
E	F	O	H
D	L	I	G

用时_____秒

F	N	O	H
B	J	C	E
K	D	A	L
I	M	G	P

用时_____秒

D	K	G	C
F	E	H	L
O	J	B	N
A	M	P	I

用时_____秒

O	J	K	E
B	D	H	G
P	M	A	F
L	N	C	I

用时_____秒

按A-P的顺序，依次指出字母的位置并计时。

I	D	C	J
L	M	F	K
N	P	B	A
O	E	G	H

用时_____秒

L	G	E	F
K	B	N	O
C	I	A	M
H	P	J	D

用时_____秒

K	E	M	A
D	B	H	I
O	C	F	P
L	J	G	N

用时_____秒

O	D	P	H
M	K	E	B
A	J	C	G
N	I	F	L

用时_____秒

P	E	I	H
L	C	A	M
O	K	G	B
D	N	J	F

用时_____秒

O	D	A	I
B	N	F	C
H	E	G	K
J	P	M	L

用时_____秒

A	C	H	P
I	G	E	B
N	D	K	J
O	M	F	L

用时_____秒

C	O	D	A
M	P	B	F
G	K	E	J
H	N	I	L

用时_____秒

K	A	F	I
L	G	D	M
P	N	H	B
C	E	O	J

用时_____秒

F	P	G	B
N	H	K	L
D	E	O	J
M	A	I	C

用时_____秒

M	O	F	P
C	B	L	H
D	E	A	I
J	N	K	G

用时_____秒

G	F	L	C
I	H	K	J
O	B	M	N
P	A	D	E

用时_____秒

按A-Y的顺序，依次指出字母的位置并计时。

N	T	P	Q	M
K	H	A	B	W
E	V	C	G	I
J	D	X	F	S
O	U	Y	L	R

用时_____秒

Q	T	X	F	M
V	O	W	G	P
L	H	Y	U	N
J	E	I	R	A
D	B	K	C	S

用时_____秒

U	F	P	B	J
G	V	X	T	O
W	Y	K	A	L
H	S	N	Q	I
E	M	C	D	R

用时_____秒

D	E	P	Q	B
W	O	F	M	K
T	I	G	J	R
U	C	Y	S	N
A	H	V	X	L

用时_____秒

A	S	Q	J	L
W	K	M	I	U
V	T	D	C	F
E	N	X	Y	G
R	P	O	B	H

用时_____秒

N	Y	C	W	E
Q	F	V	P	G
S	B	D	A	T
M	J	O	I	R
H	K	L	X	U

用时_____秒

L	P	N	H	Y
I	C	V	M	S
A	J	B	D	R
E	K	U	W	X
F	Q	O	G	T

用时_____秒

B	U	J	F	G
V	H	C	K	T
E	P	M	W	Y
I	N	X	O	S
R	D	Q	L	A

用时_____秒

T	H	V	G	M
O	W	D	E	Q
S	R	K	F	I
X	A	J	U	C
P	Y	L	B	N

用时_____秒

按A-Y的顺序，依次指出字母的位置并计时。

P	D	N	L	H
C	A	E	B	Q
V	U	J	T	X
K	O	M	S	G
I	F	R	Y	W

用时_____秒

I	F	E	O	S
B	U	Y	N	R
X	D	G	M	H
T	C	W	L	K
P	V	A	J	Q

用时_____秒

T	W	G	U	D
M	I	H	F	Q
O	L	J	B	A
C	N	X	R	Y
E	P	V	K	S

用时_____秒

Q	A	F	G	N
M	L	R	E	P
V	D	X	J	H
B	S	C	W	T
I	Y	U	O	K

用时_____秒

S	J	A	F	P
D	X	R	H	M
L	Q	O	U	T
I	B	C	K	W
V	E	N	Y	G

用时_____秒

F	M	J	Y	U
C	L	O	G	W
S	H	P	D	Q
N	B	V	X	A
E	I	T	K	R

用时_____秒

A	R	D	G	V
X	T	P	F	H
O	S	Q	M	J
K	C	B	L	N
Y	E	U	I	W

用时_____秒

F	A	N	P	I
M	J	W	K	E
R	V	G	L	Y
D	U	S	H	Q
O	B	C	T	X

用时_____秒

D	S	W	C	J
M	V	G	A	O
N	Q	T	U	R
B	L	H	P	I
F	Y	E	K	X

用时_____秒

按a-y的顺序，依次指出字母的位置并计时。

g	n	d	y	t
j	w	p	m	h
l	c	s	b	r
x	e	f	k	i
a	u	v	q	o

用时_____秒

k	m	j	l	d
a	o	v	q	h
i	x	n	c	s
b	e	g	w	t
y	u	p	r	f

用时_____秒

b	m	p	h	i
k	e	u	n	w
s	a	v	y	c
x	d	o	t	f
l	g	j	r	q

用时_____秒

s	g	m	f	c
t	b	v	k	y
j	h	w	p	u
d	o	a	e	x
i	r	n	q	l

用时_____秒

c	r	e	v	h
l	m	k	n	g
f	x	o	u	d
p	q	y	a	s
i	w	b	t	j

用时_____秒

e	h	s	n	t
b	k	g	l	v
u	d	x	f	i
o	y	c	w	r
q	j	m	a	p

用时_____秒

f	g	p	m	e
l	r	w	a	i
x	k	v	s	u
t	c	q	h	b
o	d	y	n	j

用时_____秒

o	s	c	i	x
b	a	d	r	n
v	j	m	w	k
h	q	y	g	u
e	p	l	f	t

用时_____秒

h	r	a	p	g
o	q	j	n	d
e	m	w	c	s
x	l	i	f	u
b	k	y	v	t

用时_____秒

按a-y的顺序，依次指出字母的位置并计时。

j	v	p	c	g
i	u	f	x	h
l	y	n	s	o
r	a	q	e	b
k	w	m	t	d

用时_____秒

h	r	t	k	g
a	b	q	v	w
x	c	u	m	l
j	i	e	p	n
s	d	y	o	f

用时_____秒

v	c	n	g	b
o	e	d	l	s
u	y	r	k	p
t	i	a	h	x
q	w	f	j	m

用时_____秒

c	o	t	e	p
d	l	n	q	y
s	b	x	m	u
i	w	k	r	h
j	v	f	a	g

用时_____秒

a	g	h	w	x
c	e	m	l	p
u	f	s	t	o
b	q	r	i	k
v	d	j	n	y

用时_____秒

h	b	x	o	n
d	w	e	q	i
t	y	c	r	p
k	a	m	j	v
u	g	l	s	f

用时_____秒

j	s	w	o	l
d	m	f	g	n
x	y	t	q	v
a	u	k	e	r
h	b	p	i	c

用时_____秒

w	i	q	e	r
v	g	h	k	m
b	c	y	f	p
j	s	a	o	d
t	u	n	l	x

用时_____秒

t	d	a	i	g
l	u	e	w	f
b	k	v	x	n
q	h	c	s	m
j	r	y	p	o

用时_____秒

划消

训练方法：根据要求圈划，记录用时和错误数。

(1) 用"\"划去所有3并计时。

```
8 7 3 8 5 9 0 7 9 6 7 3
4 8 1 4 4 1 6 6 0 4 8 1
0 7 5 2 5 1 6 2 0 0 7 5
2 5 5 5 6 3 6 7 9 2 5 5
3 9 6 7 3 1 4 2 8 7 9 6
```

用时_____秒 错误数_____

```
6 2 6 5 3 9 8 3 5 2 8 6
1 0 8 0 7 3 7 8 6 9 4 4
9 7 4 5 7 1 8 2 2 6 4 9
3 5 9 9 2 2 9 0 9 0 5 0
1 8 7 0 7 1 2 6 2 4 9 8
```

用时_____秒 错误数_____

(2) 用"\"划去所有6并计时。

```
6 8 5 0 2 6 2 2 3 3 4 9
5 7 9 5 5 4 1 3 2 6 3 9
8 8 8 4 0 2 0 5 7 6 5 1
1 2 6 6 9 1 7 0 4 7 0 3
3 8 1 9 8 7 9 7 4 0 1 4
```

用时_____秒 错误数_____

```
4 0 4 8 3 5 1 7 9 8 6
6 8 2 9 2 2 5 7 3 6 5 6
1 3 0 0 1 4 7 0 4 2 0 6
5 2 9 1 6 4 7 3 1 7 9 5
5 8 1 2 9 7 4 9 8 3 8 0
```

用时_____秒 错误数_____

(3) 用"\"划去所有9并计时。

```
4 5 8 1 0 2 1 6 9 5 9 3
0 4 4 2 9 6 9 0 7 3 3 1
2 2 6 7 8 5 5 0 5 3 8 6
8 5 0 0 1 9 6 2 3 4 8 7
4 7 7 1 1 7 6 9 3 8 2 4
```

用时_____秒 错误数_____

```
7 9 8 3 5 1 8 5 9 7 4 2
5 6 5 9 4 6 6 3 6 8 3 4 7
2 1 8 9 0 4 8 4 0 3 0 6
7 1 0 2 1 0 3 9 1 2 9 7
3 2 5 6 5 2 7 0 6 1 4 8
```

用时_____秒 错误数_____

（4）用"\"划去所有21并计时。

```
0 3 6 8 0 5 7 5 9 2 3 2 1 6 9 5 1 8 3 9 7 0 2 9 6 1 0 7 7 9 3 6 4 0 4 7 8 2 2
2 1 6 9 5 1 8 3 9 7 0 2 9 6 1 0 7 7 9 2 1 3 6 8 0 5 7 5 9 2 3 3 6 4 7 6 1 2 0
2 9 1 7 1 4 1 7 7 9 1 8 0 1 2 1 9 2 4 8 6 2 3 6 7 7 0 1 8 1 2 0 4 1 2 2 3 8 4
0 9 7 4 4 4 3 1 3 2 0 2 1 4 0 2 4 1 1 1 1 2 2 6 1 3 1 9 2 4 6 6 7 0 4 2 8 5 1
1 2 8 5 0 7 6 6 2 1 9 4 2 9 4 2 4 6 6 4 1 2 3 0 2 6 3 4 4 3 2 7 2 8 9 5 8 2 6
8 6 1 2 2 3 2 5 9 7 5 8 4 1 7 9 4 5 2 0 0 0 7 6 3 7 4 5 6 1 2 0 2 6 9 8 0 3 3
```

用时_____秒 错误数_____

（5）用"\"划去所有38。

```
1 1 5 2 5 3 8 8 1 0 8 2 4 9 3 6 7 6 8 9 2 1 6 9 8 2 7 5 3 8 4 5 4 2 5 2 9 1
6 4 9 3 6 5 6 1 3 8 1 2 3 5 2 8 5 9 7 1 1 3 2 7 0 4 8 5 3 9 8 8 9 5 5 6 1 2
2 1 3 9 5 0 8 5 6 1 4 7 1 1 6 8 3 5 7 8 6 2 9 4 9 2 5 2 1 4 9 8 2 5 3 8 6 3
5 3 3 6 8 3 4 9 1 9 1 2 8 1 6 1 0 2 5 4 5 7 1 2 8 2 4 9 2 7 8 6 5 3 8 5 9 5
5 4 1 9 4 6 1 5 1 2 1 3 8 8 6 2 7 5 7 3 4 8 0 8 2 9 2 6 6 2 9 3 5 1 5 9 8 5
6 3 5 8 1 1 1 6 6 8 5 1 9 8 3 3 4 2 2 9 7 5 2 4 2 9 5 3 8 8 5 1 6 9 4 0 7
```

用时_____秒 错误数_____

（6）用"\"划去所有69并计时。

```
8 1 1 9 7 6 6 6 5 9 5 6 9 3 9 5 7 6 1 0 9 4 5 9 2 9 6 1 2 3 5 5 6 8 1 8 9 6
5 9 1 8 8 6 2 9 1 5 0 7 2 6 4 9 6 8 6 6 5 9 1 6 6 1 9 9 9 6 5 7 3 5 1 3 5 9
1 9 9 3 8 9 1 7 9 6 9 1 3 8 6 2 2 6 6 5 4 1 5 9 6 5 9 1 5 5 6 0 8 7 6 6 5 6
6 5 5 9 4 9 8 5 6 9 7 6 8 1 9 6 6 8 5 7 3 9 5 9 5 2 6 6 2 3 1 1 1 6 9 0 9 1
6 6 1 6 6 5 5 9 9 9 6 9 2 9 6 4 2 5 6 3 1 1 8 7 5 5 1 9 6 8 8 5 0 7 1 3 9 9 9
8 7 3 6 0 9 6 5 5 5 6 5 1 3 9 5 6 9 1 7 1 1 4 6 9 8 2 2 5 8 1 9 6 6 6 9 9 9
```

用时_____秒 错误数_____

(7) 用"\"划去所有字母组合"WM"并计时。

SVWQDXUTBFIWMPCNAWWYMENHUWKUGNMZOJLUNRM

KYOZMWBMMUNWGRMLNWUQIFDWEVCXPUSNWUJNTHA

BETDUAWNWIHMKWLUZXMURWJCPNYWMNQWFNOMSGV

GUVWAUWWNLWWNDNBIHTQZMYKPCXFESMORUMJUNM

WVCYQGPWMNMNUMNEURUFKTXINMLBWUOAZHSWDWJ

用时_____秒 错误数_____

(8) 用"\"划去所有字母组合"EF"并计时。

VBYDKEFEJMSDBCBGDFIRHLENXEEFZWTBQADFOP

JYDAFBECWFEOKMRNBDXTDUIGBLDEZHEPVQFEBE

UGENKBPIRMZDHTVLFDBDEBEDWCFAXFJFOESQEY

FBDBEEYDGDCFFXJVTRSEPOBKEQNMBEDLUAHZIF

HZEADWDDECEFTMFEFIOBFEBBRNDGXJBKLSQPEY

用时_____秒 错误数_____

(9) 用"\"划去所有字母组合"BP"并计时。

ORNAGCVTQSPPPFEEPJFKIBLBPXBFHBEYZDWMEUB

PUPEBNBXTVOFIWDKHEZAJCEPBRPLSMGQEFYBBFP

TECSMXAIBPVPFJWNBHKZRBQEOYUFFEPEGPBBLPD

FPQHYLAIGPXBPNDMBFBOPWZRFCUESBPVJEKEETB

MBBFEWDPAPKPJUFEGBSLTHPRQVBFEZXBEPYCION

用时_____秒 错误数_____

（10）用"\"划去所有相邻两数的和为7的数组并计时。

```
0 4 4 8 3 1 3 5 8 3 3 1 9 2 6 2 6 7 0 4 4 7 1 4 9 9 6 5 5 2 5 1 2 4 3 8 0 5
2 0 1 0 9 5 5 9 7 3 9 3 5 5 1 3 5 7 6 8 8 4 6 4 2 8 0 6 2 3 3 4 1 2 4 1 4 4
9 6 1 3 0 5 4 8 4 3 7 3 8 4 3 1 9 4 5 4 1 2 1 4 3 6 2 0 9 7 8 2 2 6 5 0 5 5
6 6 5 8 0 2 3 0 3 9 5 4 4 9 8 5 5 4 4 1 4 7 0 2 2 3 7 4 5 3 6 2 1 9 3 8 1 1
5 3 5 4 8 4 0 0 2 7 5 3 4 2 1 7 4 9 1 3 1 4 6 9 8 0 6 8 4 5 3 3 2 5 9 2 1 6
4 4 5 5 3 8 3 8 5 7 0 4 2 4 3 1 4 1 5 5 2 7 6 2 6 3 4 8 9 2 0 0 1 9 9 3 6 1
```

用时_____秒 错误数_____

（11）用"\"划去所有相邻两数的和为9的数组并计时。

```
7 2 6 7 2 1 5 5 2 1 5 0 9 4 3 4 0 8 0 5 3 4 4 4 2 9 1 3 9 1 6 8 3 8 4 5 6
5 1 2 2 6 4 5 5 3 3 9 5 4 1 2 5 8 4 1 3 0 9 7 4 6 8 9 7 0 4 2 1 3 3 8 6 4 0
4 5 2 1 3 4 4 3 0 0 3 5 9 6 9 8 1 5 2 8 3 4 6 3 2 1 8 5 7 4 6 4 0 2 7 5 9 1
4 7 2 3 0 1 4 3 6 5 0 8 8 4 5 3 4 1 9 6 9 5 6 7 0 9 8 2 6 5 5 9 5 1 3 1 3 2
7 4 1 5 6 9 2 1 5 3 5 4 1 4 7 0 8 8 3 5 0 3 2 6 4 4 9 6 4 3 0 2 9 2 5 1 8 3
4 6 1 9 2 4 3 9 6 3 5 4 3 2 1 4 0 2 5 8 5 1 2 8 4 3 0 5 9 7 1 3 4 8 0 7 6 5
```

用时_____秒 错误数_____

（12）用"\"划去所有相邻两数的和为12的数组并计时。

```
2 9 8 5 4 4 3 9 8 8 4 1 1 3 4 5 0 5 9 3 5 4 7 3 0 6 6 0 7 3 2 6 1 2 1 2 4 5
6 3 0 1 1 3 1 1 5 7 6 3 2 4 0 9 4 3 0 2 4 9 8 9 8 4 5 3 5 2 5 8 4 2 8 6 7 4
3 9 0 6 6 4 7 1 4 9 3 5 8 3 6 7 3 9 5 6 8 4 5 5 4 1 8 1 3 5 1 4 0 0 4 2 2 2
9 9 5 8 5 9 4 1 5 7 7 3 2 7 3 4 4 2 1 1 0 0 5 0 3 4 5 8 6 6 9 4 1 2 3 8 4
4 2 8 2 3 5 2 1 7 9 6 4 7 1 4 3 4 6 9 5 2 8 1 4 5 0 3 6 5 5 0 4 9 0 8 3 1 3
3 2 0 4 4 0 1 7 0 2 4 6 4 8 3 9 4 3 5 3 2 5 7 3 9 1 1 9 6 8 5 6 4 2 8 1 4 5
```

用时_____秒 错误数_____

（13）用"\"划去所有5445的数组并计时。

5445	5454	5454	5454	5544	5544	4455	4545	4455	5454	4545	5544
5454	5445	4545	4554	4554	5445	4554	5454	4455	5544	5445	4545
4455	4455	4545	5454	5544	5445	4554	4545	5544	5454	5544	5445
4545	5445	4545	5445	5445	5445	4545	5454	5454	4554	5445	5454
4455	4554	4554	5445	5454	4554	4545	5454	5544	5445	4554	5544
4455	4455	4455	4455	4455	4545	5454	5445	5544	5445	5445	5454
5445	5445	5454	5454	5544	5544	4455	4545	4455	5445	4545	5544

用时_____秒 错误数_____

（14）用"\"划去所有2112的数组并计时。

1212	1221	2221	2211	1221	1122	1212	2121	2211	2111	2121	2121
2121	2112	2221	1221	2112	2121	1222	2221	2121	1212	1221	1222
1221	2221	2112	1212	1222	2121	2112	2112	2111	2112	1122	2112
2112	2112	1222	1122	2112	1122	2111	2211	1222	2221	1122	2112
2211	2211	2111	2211	1122	1212	1122	2121	2221	1212	2112	1212
1222	1221	2211	2221	2112	2111	2112	2111	2112	1221	2211	2111
1212	1221	2221	2211	1221	1122	1212	2121	2211	2111	2121	2121

用时_____秒 错误数_____

（15）用"\"划去所有3838的数组并计时。

3883	8383	8383	3883	3388	3883	8333	8833	3838	8833	8383	3838
3838	8338	8833	3838	3883	3388	8333	3888	8338	8833	3838	8338
8833	3838	3888	8383	8338	3838	3888	3838	3883	3388	3838	3388
3838	8383	3838	3883	8833	8333	8338	3888	3883	3888	3888	3838
3388	3838	3838	8338	8338	3838	3388	3883	3883	3388	3838	3388
3888	3838	8338	8383	8383	8383	8383	3888	8333	3838	8338	3838
3883	8383	8383	3883	3388	3883	8333	8833	8333	8833	8383	3838

用时_____秒 错误数_____

（16）用"\"划去所有汉字"远"并计时。

选	运	选	近	远	运	运	选	近	选	选	近
运	运	远	远	远	选	近	运	选	选	选	近
近	远	远	选	近	运	选	近	远	远	选	运
选	选	选	运	近	选	近	远	运	远	选	近
远	近	近	运	近	选	运	运	运	运	选	近
近	选	运	运	近	近	选	运	选	远	远	运
远	运	远	近	远	运	运	选	近	远	选	近

用时_____秒 错误数_____

（17）用"\"划去所有汉字"沦"并计时。

论	沧	论	轮	抡	沦	抡	论	抡	抡	抡	论
抡	抡	伦	沧	沧	沧	沦	沧	纶	论	纶	沧
纶	轮	论	论	论	伦	论	论	沧	沧	轮	纶
伦	伦	轮	沦	沧	纶	轮	沦	轮	纶	论	抡
轮	伦	轮	沧	抡	伦	伦	沦	沧	沦	沦	纶
抡	轮	伦	轮	论	纶	纶	纶	沦	纶	伦	沧
论	沧	论	轮	抡	沦	抡	论	抡	抡	抡	论

用时_____秒 错误数_____

（18）用"\"划去所有汉字"襞"并计时。

壁	襞	壁	臂	壁	壁	壁	壁	壁	臂	劈	襞
臂	襞	壁	襞	襞	壁	壁	襞	劈	嬖	襞	臂
嬖	劈	壁	嬖	襞	臂	襞	壁	壁	嬖	襞	劈
壁	襞	劈	劈	嬖	臂	襞	壁	壁	劈	壁	襞
壁	襞	襞	嬖	臂	壁	壁	襞	嬖	壁	襞	臂
壁	臂	襞	壁	襞	壁	襞	嬖	壁	襞	嬖	劈
壁	臂	壁	臂	壁	壁	壁	襞	臂	劈	襞

用时_____秒 错误数_____

（19）用"\"划去所有汉字"浙"并计时。

用时_____秒 错误数_____

（20）用"\"划去所有汉字"拄"并计时。

用时_____秒 错误数_____

（21）用"\"划去所有汉字"载"并计时。

用时_____秒 错误数_____

异形数字

训练方法：观察图片，按顺序在图中找到数字，整个过程计时。

按1-9的顺序找到数字，整个过程计时。

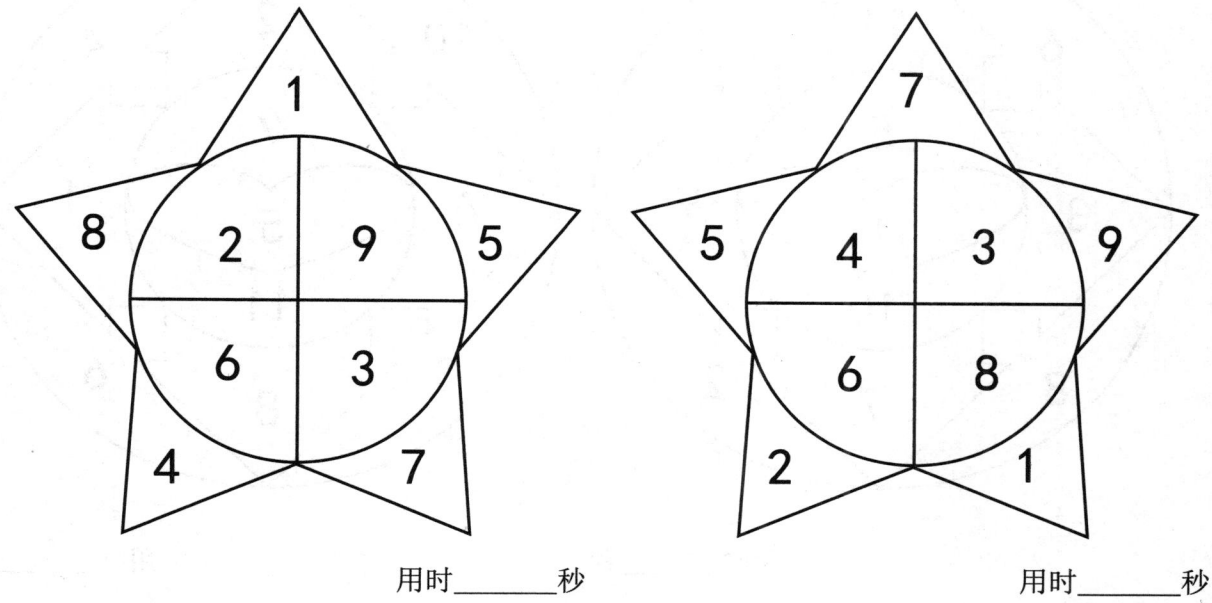

用时_____秒　　　　　　用时_____秒

按1-10的顺序找到数字，整个过程计时。

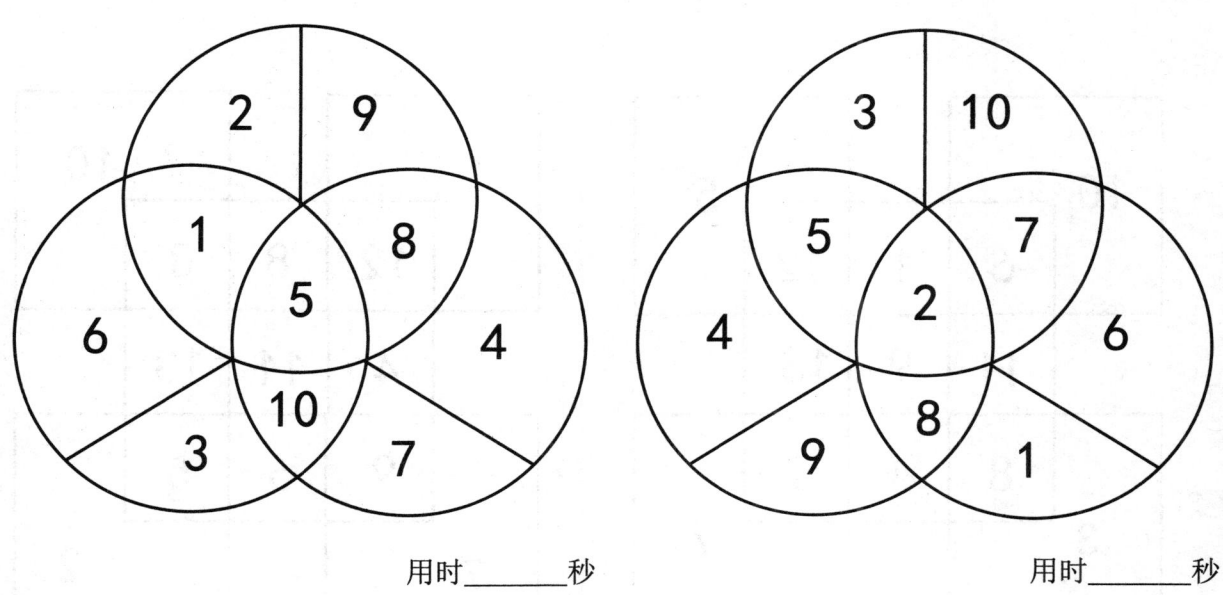

用时_____秒　　　　　　用时_____秒

按1-11的顺序找到数字,整个过程计时。

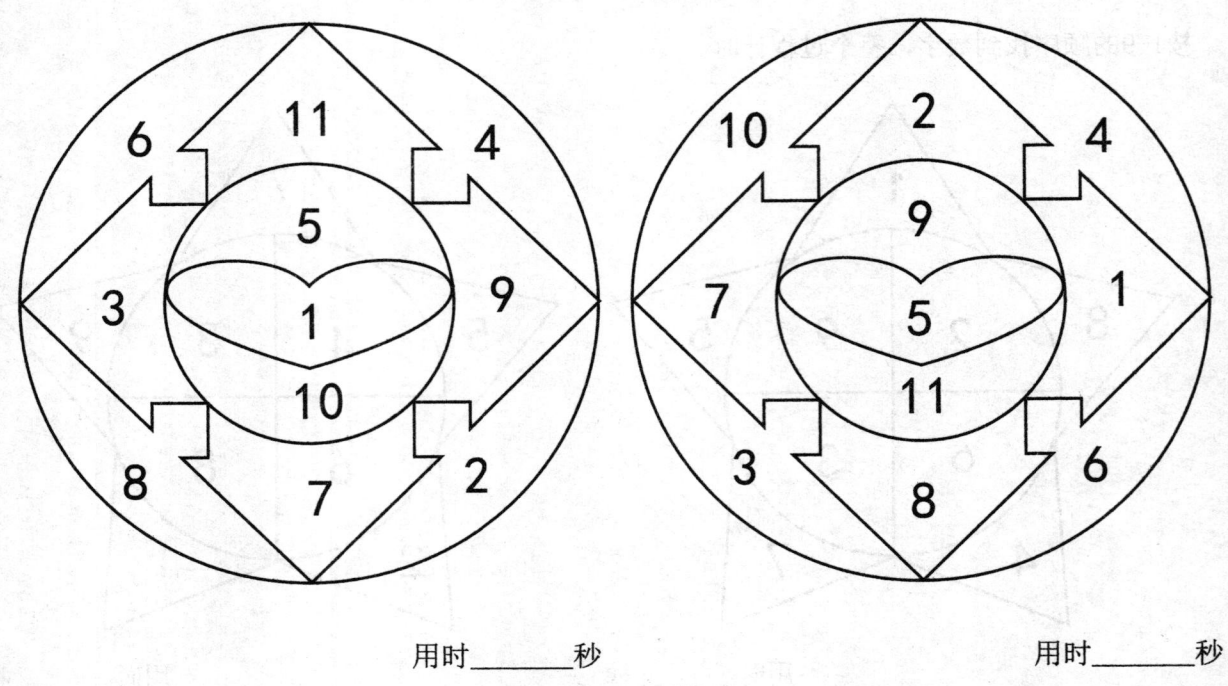

用时_____秒   用时_____秒

按1-13的顺序找到数字,整个过程计时。

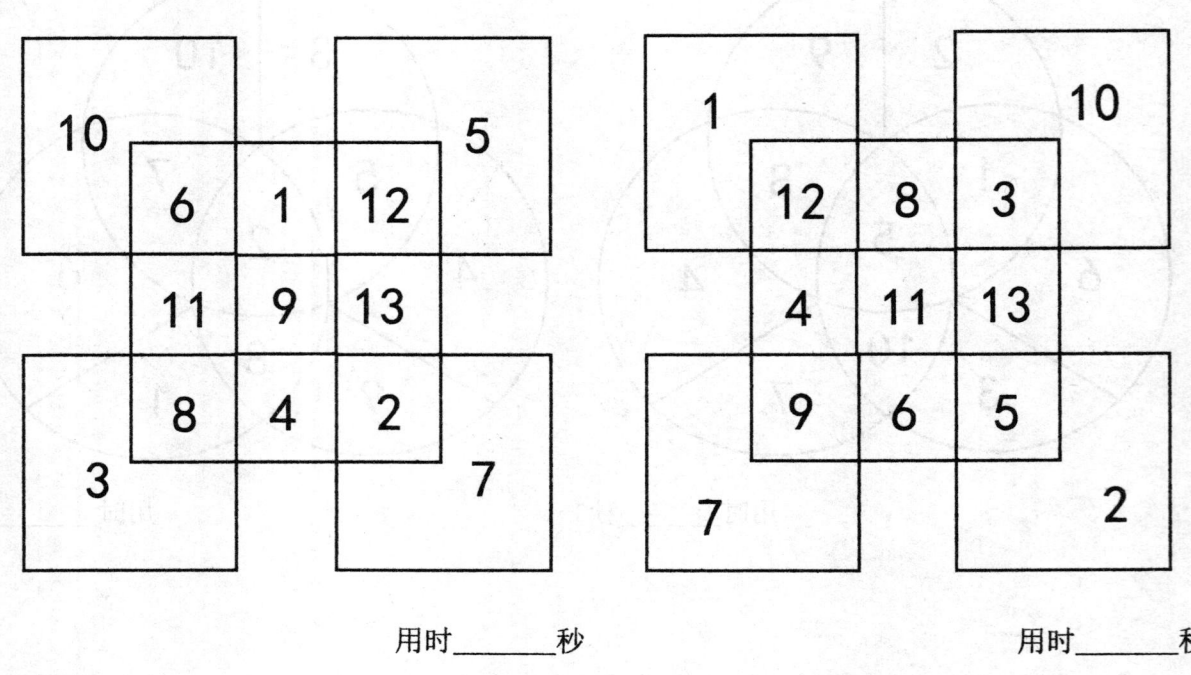

用时_____秒   用时_____秒

按1-13的顺序找到数字，整个过程计时。

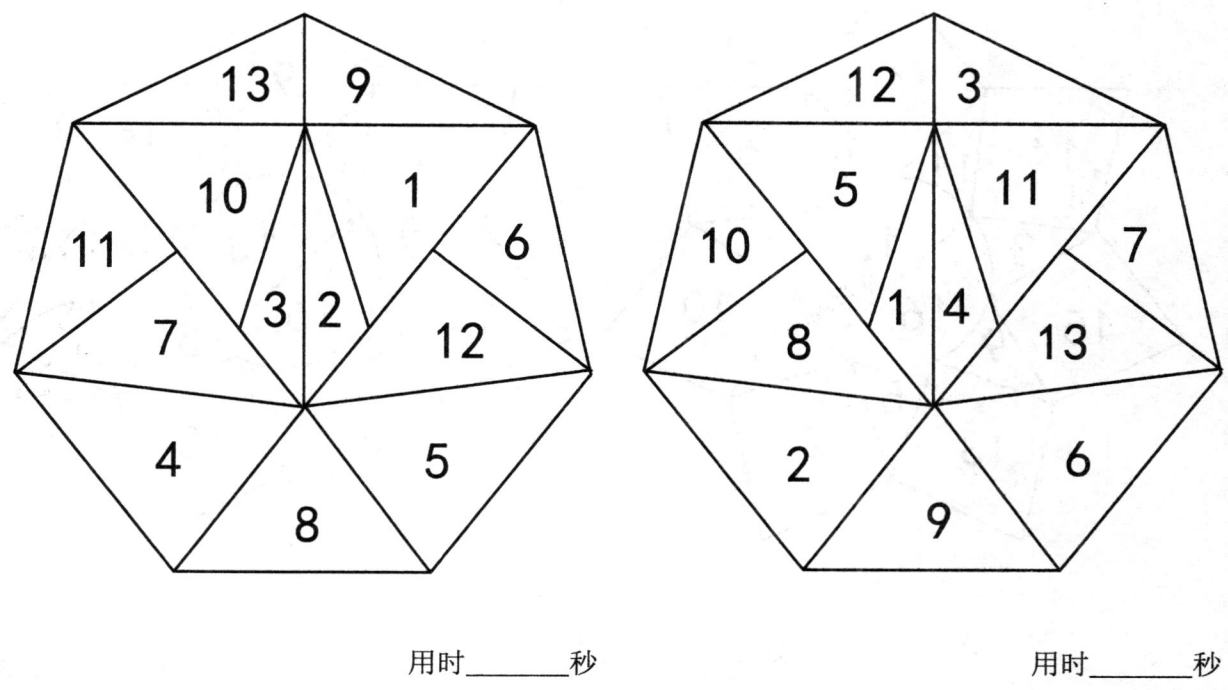

用时_____秒   用时_____秒

按1-15的顺序找到数字，整个过程计时。

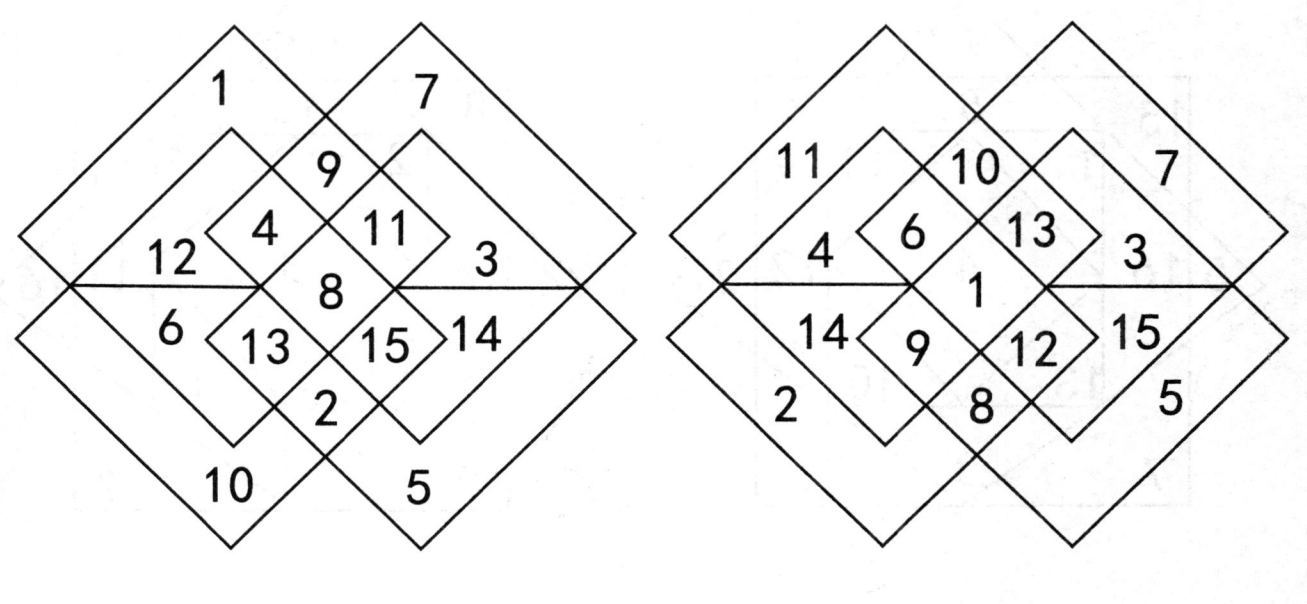

用时_____秒   用时_____秒

按1-16的顺序找到数字，整个过程计时。

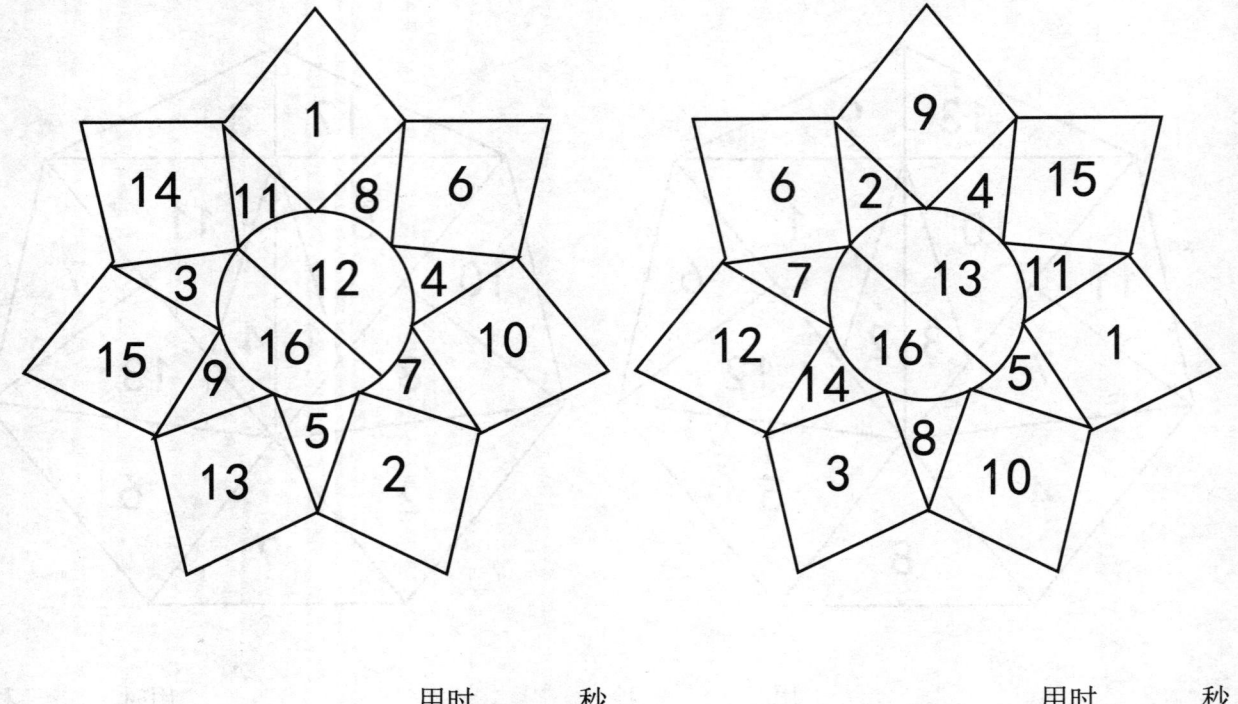

用时_____秒　　　　　　　用时_____秒

按1-16的顺序找到数字，整个过程计时。

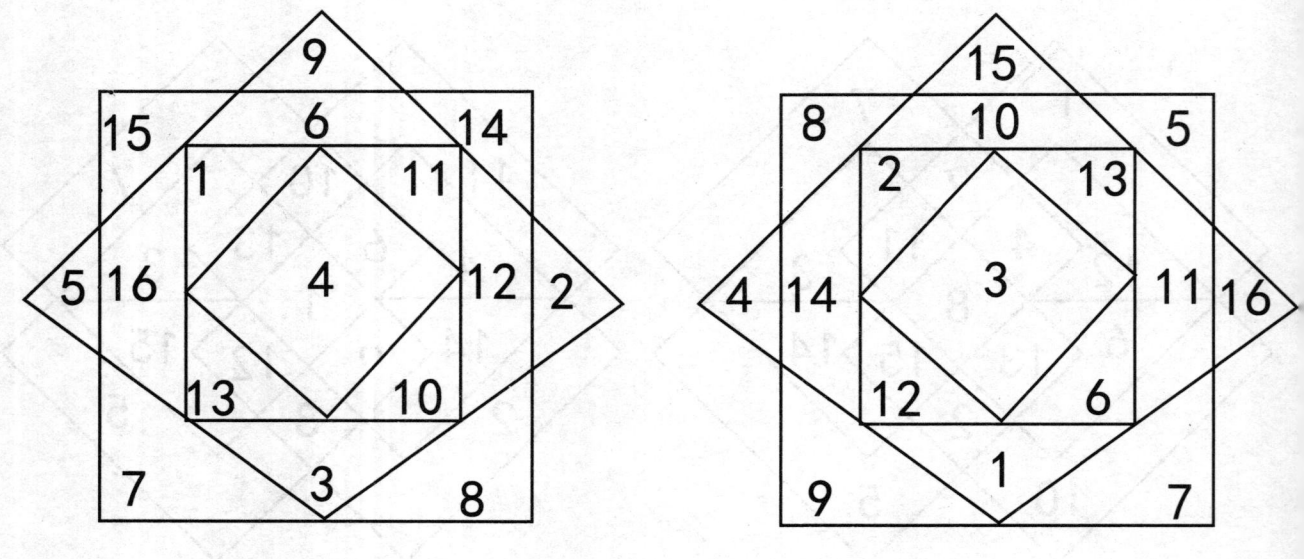

用时_____秒　　　　　　　用时_____秒

按1-18的顺序找到数字，整个过程计时。

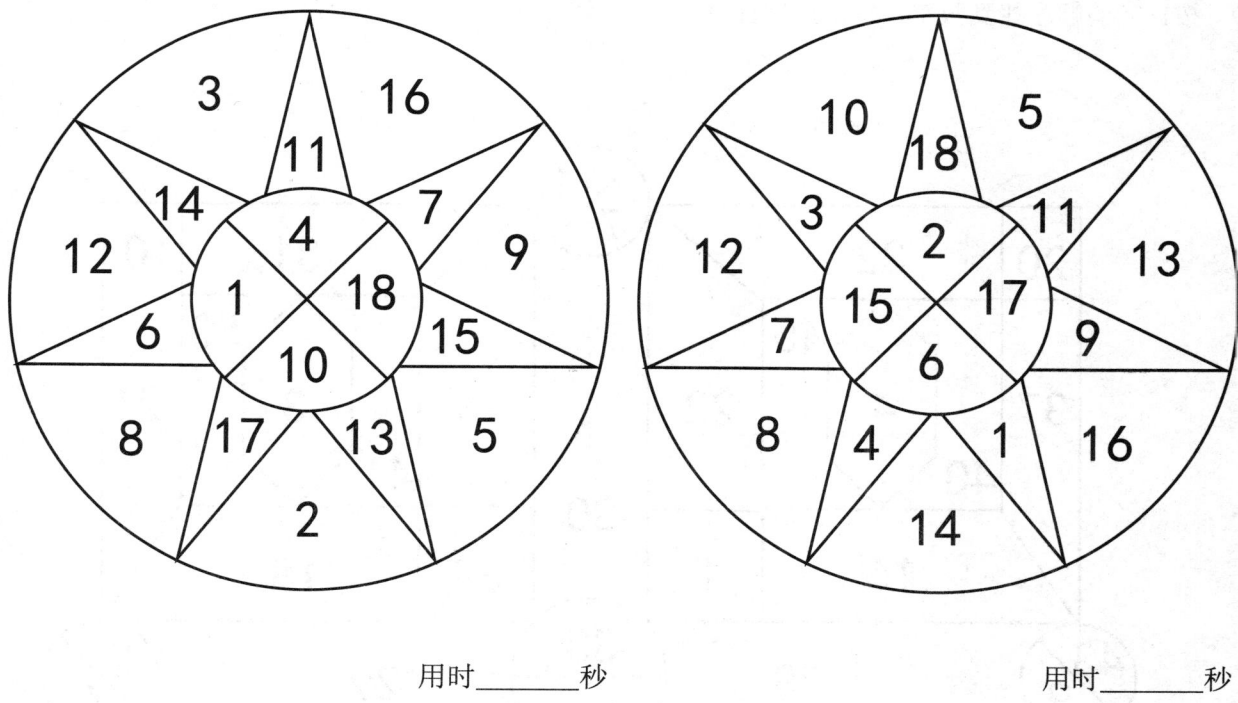

用时_____秒　　　　　　用时_____秒

按1-18的顺序找到数字，整个过程计时。

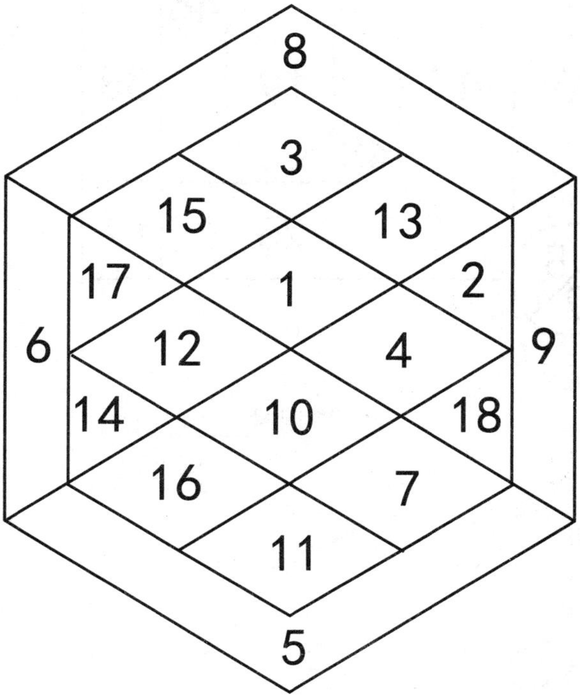

用时_____秒 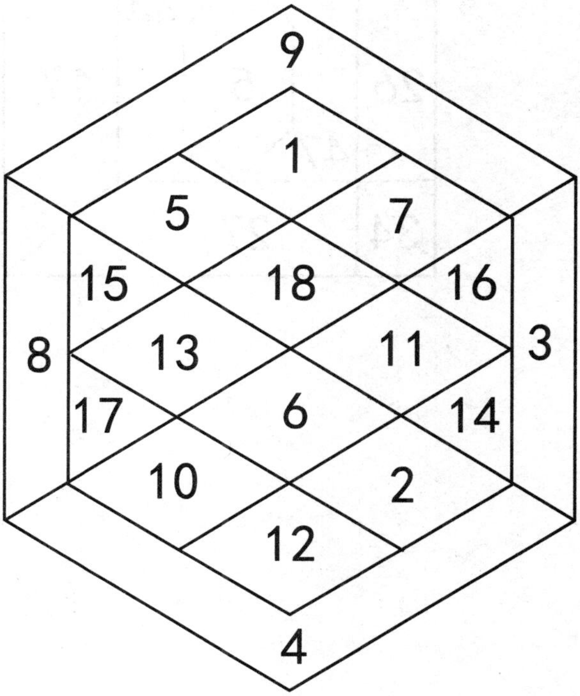　　　　　　用时_____秒

按1-50的顺序找到数字，整个过程计时。

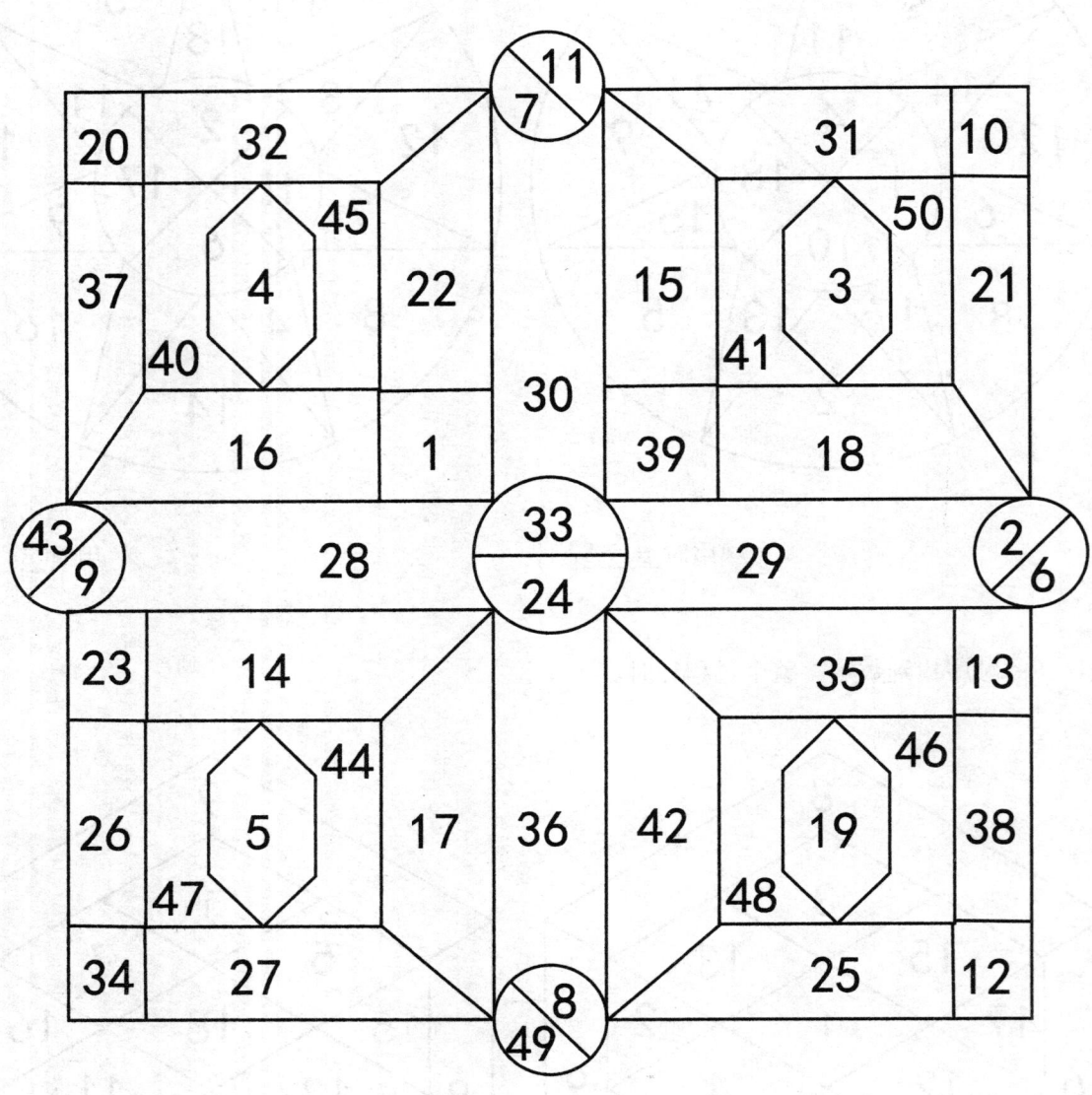

用时_____秒

按1-50的顺序找到数字，整个过程计时。

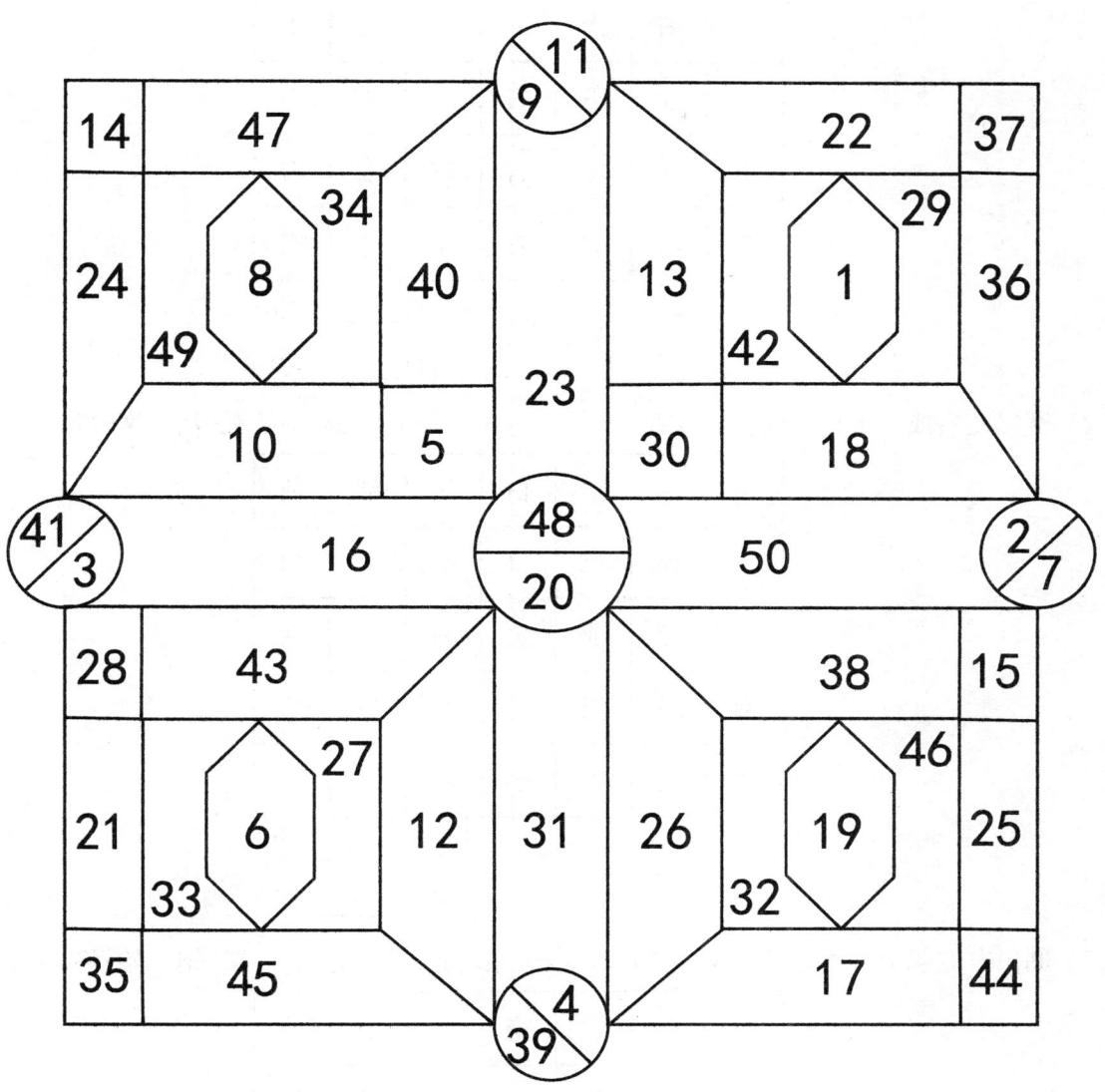

用时_____秒

反义词配对

（1）圈出左右或上下相连的反义词并计时。南-北、上-下、左-右。

南	上	南	右	上	南	北
左	右	南	下	右	左	下
上	北	下	右	北	下	右
下	北	左	右	右	右	右
左	南	北	右	左	北	右

共有_____组

用时_____秒

（2）圈出左右或上下相连的反义词并计时。大-小、黑-白、前-后、死-活、宽-窄。

宽	后	活	白	黑	活	前
小	死	死	窄	窄	窄	白
白	黑	前	宽	后	大	活
活	后	黑	前	宽	窄	后
大	死	大	小	黑	大	前

共有_____组

用时_____秒

（3）圈出左右或上下相连的反义词并计时。松-紧、是-非、存-亡、饥-饱、始-终。

饱	存	亡	饱	始	非	始
存	亡	是	是	始	始	是
紧	终	始	是	非	饥	非
紧	紧	松	紧	非	始	终
存	紧	非	饱	饥	饥	亡

共有_____组

用时_____秒

（4）圈出左右或上下相连的反义词并计时。真-假、是-否、巧-拙、通-堵、曲-直。

拙	否	曲	直	堵	堵	巧
直	假	真	真	是	通	拙
假	否	通	否	拙	巧	拙
假	否	是	巧	堵	假	堵
通	否	曲	拙	假	直	曲

共有_____组

用时_____秒

（5）圈出左右或上下相连的反义词并计时。输-赢、纵-横、哭-笑、干-湿、盛-衰。

盛	输	干	赢	干	哭	干
纵	湿	输	衰	笑	衰	湿
横	横	衰	纵	哭	哭	衰
输	赢	赢	横	衰	纵	笑
湿	输	纵	笑	盛	哭	横

共有_____组

用时_____秒

（6）圈出左右或上下相连的反义词并计时。阴-阳、多-少、冷-热、天-地、公-私。

阴	阳	少	地	阳	私	冷
多	公	冷	天	私	公	天
冷	多	天	冷	天	多	多
少	阳	热	冷	公	少	多
热	公	阴	私	热	公	地

共有_____组

用时_____秒

(7) 圈出左右或上下相连的反义词并计时。好-坏、胖-瘦、虚-实、得-失、强-弱、动-静。

坏	得	弱	胖	胖	胖	胖	虚	好	失
弱	虚	动	动	虚	好	虚	得	坏	得
虚	动	动	动	实	得	好	坏	得	弱
强	动	胖	静	坏	坏	得	得	弱	坏
弱	胖	动	弱	好	虚	静	胖	瘦	失

共有_____组

用时_____秒

(8) 圈出左右或上下相连的反义词并计时。文-武、买-卖、彼-此、你-我、胜-败、顺-逆。

武	彼	卖	败	卖	此	此	胜	顺	顺
彼	顺	卖	顺	顺	胜	武	败	逆	彼
此	我	此	彼	买	我	文	败	武	逆
你	买	武	卖	武	文	文	买	我	文
我	我	胜	买	你	你	卖	你	逆	败

共有_____组

用时_____秒

(9) 圈出左右或上下相连的反义词并计时。错-对、钝-锐、上-下、高-低、快-慢、轻-重。

慢	低	对	低	快	对	锐	锐	下
对	低	锐	错	对	慢	快	轻	上	慢
重	下	锐	低	下	上	慢	轻	重	低
慢	下	轻	对	轻	下	低	慢	下	对
钝	锐	高	低	重	重	锐	下	快	重

共有_____组

用时_____秒

（10）圈出左右或上下相连的反义词并计时。有-无、粗-细、新-旧、古-今、亲-疏、苦-甜。

旧	古	今	旧	旧	细	古	无	亲	旧
新	苦	苦	无	有	粗	甜	无	细	细
疏	亲	今	今	甜	有	旧	疏	细	疏
苦	无	无	苦	今	细	古	亲	苦	甜
旧	甜	粗	新	新	今	有	无	疏	粗

共有_____组

用时_____秒

（11）圈出左右或上下相连的反义词并计时。南-北、推-拉、深-浅、加-减、反-正、左-右。

北	加	推	拉	推	左	反	深	浅	减
反	推	浅	北	浅	反	深	左	右	反
加	加	减	浅	正	减	南	正	减	正
加	右	北	左	深	深	南	深	反	加
拉	右	拉	左	浅	加	拉	北	南	右

共有_____组

用时_____秒

（12）圈出左右或上下相连的反义词并计时。进-退、里-外、善-恶、分-合、开-关、盈-亏。

合	关	亏	里	外	亏	分	善	合	盈
善	进	外	关	分	里	进	退	恶	分
里	亏	善	里	开	开	关	关	恶	合
退	开	亏	盈	外	退	盈	盈	分	合
恶	善	分	开	退	善	里	善	退	恶

共有_____组

用时_____秒

（13）圈出左右或上下相连的反义词并计时。东-西、忠-奸、薄-厚、问-答、聚-散、单-双。

双	问	忠	东	问	西	奸	奸	单	奸	双	问
单	奸	忠	忠	东	奸	问	答	聚	聚	单	双
厚	东	单	薄	散	双	厚	单	西	散	厚	东
薄	西	奸	东	答	厚	散	奸	西	双	薄	西
问	厚	聚	答	忠	厚	答	聚	薄	双	问	厚

共有_____组

用时_____秒

（14）圈出左右或上下相连的反义词并计时。哭-笑、大-小、真-假、公-私、强-弱、稀-稠。

稀	弱	真	强	强	弱	假	真	公	公	私	笑
稠	真	笑	公	笑	弱	弱	真	笑	大	公	假
哭	假	哭	稀	小	私	强	强	私	小	公	笑
公	稀	公	大	私	大	强	假	小	稠	假	公
小	强	稀	哭	大	哭	哭	假	真	稠	小	假

共有_____组

用时_____秒

（15）圈出左右或上下相连的反义词并计时。饥-饱、正-反、止-行、逆-顺、黑-白、曲-直。

饥	止	直	止	行	黑	饱	逆	白	饱	止	饱
正	顺	白	顺	曲	饥	止	顺	顺	直	黑	反
止	黑	行	逆	白	直	止	正	逆	曲	黑	逆
曲	行	白	行	直	顺	饥	白	曲	止	反	正
逆	曲	反	逆	反	行	饱	黑	饥	止	直	黑

共有_____组

用时_____秒

（16）圈出左右或上下相连的反义词并计时。优-劣、胜-负、美-丑、前-后、里-外、得-失。

优	外	优	劣	胜	负	前	美	劣	得	劣	负
负	失	里	丑	前	得	得	前	胜	胜	外	负
前	后	丑	后	优	里	失	失	外	负	后	负
里	丑	胜	胜	美	美	劣	后	胜	里	美	丑
丑	外	得	美	失	失	美	得	美	外	前	后

共有_____组

用时_____秒

（17）圈出左右或上下相连的反义词并计时。详-略、昼-夜、攻-挡、有-无、多-少、长-短。

昼	攻	短	昼	多	多	短	略	略	略	夜	有
长	昼	昼	挡	少	攻	多	短	攻	夜	夜	昼
夜	挡	昼	有	长	挡	无	详	昼	夜	短	长
多	略	短	无	略	挡	有	夜	详	少	略	详
无	详	略	无	有	有	长	攻	详	少	攻	少

共有_____组

用时_____秒

（18）圈出左右或上下相连的反义词并计时。东-西、上-下、左-右、远-近、轻-重、里-外。

轻	右	左	外	下	上	东	东	下	西	外	西
西	外	外	里	东	外	近	左	上	上	远	右
远	近	下	轻	里	右	上	西	西	东	远	左
里	左	上	左	下	左	远	下	近	重	东	西
近	轻	西	右	下	重	轻	外	上	重	远	右

共有_____组

用时_____秒

（19）圈出左右或上下相连的反义词并计时。加-减、大-小、多-少、老-少、远-近、美-丑。

丑	近	少	少	老	多	多	美	少	老	远	加
老	多	老	少	少	小	减	加	多	大	少	加
少	少	丑	少	小	少	加	大	丑	大	近	远
美	减	多	加	少	小	老	加	近	小	加	少
加	近	小	丑	老	少	减	大	加	美	大	小
少	丑	丑	小	减	远	远	大	少	近	美	减
少	少	老	少	大	老	近	多	多	远	减	少
多	多	小	美	远	多	老	少	减	大	美	小
小	大	少	丑	小	近	减	美	少	大	丑	老

共有_____组

用时_____秒

（20）圈出左右或上下相连的反义词并计时。冷-热、天-地、公-私、始-终、真-假、是-否。

私	终	热	终	公	真	私	地	热	地	公	假
私	真	热	冷	私	假	私	地	是	公	是	私
天	真	是	公	私	真	天	公	天	终	始	真
地	否	冷	天	热	始	真	是	天	否	私	假
公	公	假	否	假	始	天	否	热	公	始	否
是	终	地	热	假	真	假	热	真	终	终	地
始	冷	是	终	地	公	热	假	否	私	是	始
公	公	热	热	公	私	公	始	否	热	是	真
冷	热	否	天	天	地	真	热	公	是	冷	热

共有_____组

用时_____秒

（21）圈出左右或上下相连的反义词并计时。通-堵、曲-直、首-末、盛-衰、阴-阳、好-坏。

阴	曲	曲	阴	衰	盛	好	阴	曲	阴	通	好
好	盛	坏	末	通	通	首	首	堵	曲	盛	坏
直	阴	盛	首	通	衰	阳	通	首	盛	曲	首
通	末	通	曲	好	盛	阳	堵	曲	末	好	衰
直	衰	堵	末	阳	首	曲	堵	衰	通	衰	直
阳	通	好	末	末	盛	末	阳	坏	阳	阴	盛
曲	通	阴	阳	阳	直	直	好	堵	阴	直	坏
坏	好	曲	末	堵	衰	阳	好	好	阴	首	堵
通	通	直	衰	好	衰	坏	阴	堵	末	首	直

共有_____组

用时_____秒

（22）圈出左右或上下相连的反义词并计时。钝-锐、快-慢、亲-疏、苦-甜、南-北、反-正。

慢	正	钝	慢	慢	苦	锐	疏	亲	慢	疏	锐
反	北	疏	苦	苦	北	反	反	苦	甜	钝	北
南	锐	慢	锐	苦	正	亲	锐	南	反	快	反
苦	北	快	钝	南	甜	快	苦	锐	正	慢	甜
反	南	快	锐	慢	苦	甜	正	北	锐	北	亲
北	南	正	苦	反	锐	亲	南	甜	反	疏	锐
反	亲	苦	钝	北	亲	疏	亲	反	疏	疏	甜
南	疏	慢	疏	甜	慢	钝	苦	正	南	锐	反
疏	快	南	钝	慢	正	疏	快	亲	甜	南	甜

共有_____组

用时_____秒

单词对对碰

训练方法：按照表中每个字母所对应的数字，将单词转化成数字串。（以desk为例：下表中，d对应的数字是20，e对应的数字是25，s对应的数字是2，k对应的数字是4。所以将desk转换过来的数字串为202524）整个过程计时。

（1）按表将单词转化成数字串并计时。

w-3	o-10	f-14	u-6	q-23	r-15	c-8	s-2	b-26
d-20	k-4	v-11	h-16	e-25	l-18	a-13	m-17	p-24
n-12	g-1	i-22	z-21	x-9	t-7	y-19	j-5	

第一组：love_____ pear_____ fast_____
第二组：ship_____ cloud_____ party_____
第三组：drink_____ queen_____ shoes_____

用时_____秒

（2）按表将单词转化成数字串并计时。

y-5	l-20	i-15	m-24	f-7	x-23	k-1	c-12	e-4
v-18	b-9	n-26	t-13	z-22	d-21	g-8	w-6	q-19
p-3	s-17	o-11	a-14	h-2	u-16	j-25	r-10	

第一组：love_____ pear_____ fast_____
第二组：ship_____ cloud_____ party_____
第三组：drink_____ queen_____ shoes_____

用时_____秒

（3）按表将单词转化成数字串并计时。

m-12	x-18	p-19	k-7	v-1	a-21	w-6	g-13	h-16
e-8	d-5	c-9	y-3	j-23	n-25	b-15	q-11	r-24
t-14	l-22	f-17	z-4	u-20	o-26	s-10	i-2	

第一组：date_____ next_____ bank_____
第二组：lamb_____ snowy_____ eight_____
第三组：winter_____ hardly_____ village_____

用时_____秒

(4) 按表将单词转化成数字串并计时。

q-2	s-24	b-5	i-1	l-26	f-3	v-14	w-11	c-18
n-10	t-15	a-9	e-4	y-7	z-19	j-12	u-21	h-17
r-20	m-23	g-25	d-16	p-22	x-8	o-13	k-6	

第一组：date_____ next_____ bank_____

第二组：lamb_____ snowy_____ eight_____

第三组：winter_____ hardly_____ village_____

用时_____秒

(5) 按表将单词转化成数字串并计时。

q-7	s-17	z-22	c-8	j-24	x-18	d-19	b-26	k-12
o-23	h-13	m-1	f-9	v-6	l-5	g-15	e-4	w-21
t-10	a-20	r-14	u-2	i-3	n-11	y-16	p-25	

第一组：this_____ cute_____ tail_____

第二组：help_____ horse_____ angry_____

第三组：mouth_____ select_____ orange_____

用时_____秒

(6) 按表将单词转化成数字串并计时。

d-14	y-26	l-13	r-6	h-3	o-10	z-7	i-4	c-11
u-22	b-19	q-16	x-1	g-2	f-9	n-15	j-24	p-25
m-17	v-12	w-8	k-21	t-23	s-20	a-5	e-18	

第一组：this_____ cute_____ tail_____

第二组：help_____ horse_____ angry_____

第三组：mouth_____ select_____ orange_____

用时_____秒

（7）按表将单词转化成数字串并计时。

y-7	t-22	l-17	g-14	i-21	w-1	x-20	p-25	v-11
m-18	z-4	c-13	f-3	k-12	r-19	e-10	b-26	j-6
u-24	n-5	a-15	h-9	s-16	q-23	o-8	d-2	

第一组：west_____ know_____ what_____
第二组：lake_____ funny_____ uncle_____
第三组：first_____ pencil_____ doctor_____

用时_____秒

（8）按表将单词转化成数字串并计时。

s-20	q-5	y-17	u-13	g-15	v-19	n-22	r-24	p-9
b-6	i-1	l-23	h-7	k-18	a-8	o-4	m-3	d-26
z-11	w-25	j-16	x-2	e-21	t-14	c-12	f-10	

第一组：west_____ know_____ what_____
第二组：lake_____ funny_____ uncle_____
第三组：first_____ pencil_____ doctor_____

用时_____秒

（9）按表将单词转化成数字串并计时。

k-12	o-2	h-23	t-15	v-26	b-18	w-4	a-22	c-9
r-6	e-19	n-17	g-8	m-25	x-5	l-3	d-13	z-16
i-14	u-10	q-21	j-11	s-24	p-20	y-1	f-7	

第一组：face_____ save_____ lamb_____
第二组：ship_____ touch_____ party_____
第三组：mouse_____ office_____ listen_____

用时_____秒

（10）按表将单词转化成数字串并计时。

o-11	d-26	w-9	l-24	i-10	p-6	g-8	e-15	j-1
h-16	y-13	s-3	t-25	v-22	q-4	m-7	a-23	k-20
b-19	r-21	z-18	c-2	f-14	n-12	u-5	x-17	

第一组：face_____save_____lamb_____

第二组：ship_____touch_____party_____

第三组：mouse_____office_____listen_____

用时_____秒

（11）按表将单词转化成数字串并计时。

i-11	c-12	n-20	h-15	r-14	l-19	j-26	u-9	t-10
q-23	o-3	d-16	a-2	k-7	m-8	g-24	y-17	s-21
w-13	e-22	b-25	v-18	f-5	p-4	x-1	z-6	

第一组：fall_____hear_____find_____

第二组：best_____learn_____train_____

第三组：onion_____garden_____school_____

用时_____秒

（12）按表将单词转化成数字串并计时。

e-12	z-13	r-2	m-21	c-4	n-18	s-15	g-20	l-8
d-16	i-26	b-22	y-1	p-24	o-23	a-3	f-11	t-17
k-19	j-6	q-25	w-9	x-7	h-14	v-5	u-10	

第一组：fall_____hear_____find_____

第二组：best_____learn_____train_____

第三组：onion_____garden_____school_____

用时_____秒

（13）按表将单词转化成数字串并计时。

x-5	k-6	p-2	c-24	w-8	h-20	r-18	g-25	d-1
n-10	f-12	m-22	z-11	q-26	e-17	i-21	u-14	v-16
j-3	a-4	l-9	b-7	o-23	y-13	s-19	t-15	

第一组：beef_____fish_____home_____

第二组：great_____think_____worry_____

第三组：lunch_____always_____twelve_____

用时_____秒

（14）按表将单词转化成数字串并计时。

b-5	c-13	p-1	e-23	q-26	s-20	z-16	r-19	g-18
h-22	t-6	l-17	d-25	o-24	y-3	f-9	w-21	m-10
a-2	i-12	j-4	k-7	x-8	n-14	u-11	v-15	

第一组：beef_____fish_____home_____

第二组：great_____think_____worry_____

第三组：lunch_____always_____twelve_____

用时_____秒

（15）按表将单词转化成数字串并计时。

m-5	a-18	j-1	i-8	x-21	r-10	u-3	y-14	e-12
p-25	b-7	k-19	s-6	c-11	q-26	g-22	d-24	t-15
n-2	w-4	h-17	f-9	v-16	l-23	z-13	o-20	

第一组：pink_____many_____fish_____

第二组：tail_____smart_____river_____

第三组：visit_____police_____subway_____

用时_____秒

(16) 按表将单词转化成数字串并计时。

o-5	j-14	d-15	c-7	x-22	l-23	s-11	f-20	b-18
y-19	z-10	k-3	v-21	t-4	m-6	h-26	a-17	p-24
r-9	g-25	i-1	n-16	w-12	u-2	e-8	q-13	

第一组：pink_____many_____fish_____

第二组：tail_____smart_____river_____

第三组：visit_____police_____subway_____

用时_____秒

(17) 按表将单词转化成数字串并计时。

q-13	u-23	t-26	j-11	x-18	n-19	g-25	k-17	b-10
s-6	m-12	r-9	i-24	o-5	w-15	h-21	c-7	l-16
e-2	d-4	p-3	v-22	a-14	y-1	z-20	f-8	

第一组：shop_____work_____hurt_____

第二组：deep_____shark_____third_____

第三组：socks_____pretty_____second_____

用时_____秒

(18) 按表将单词转化成数字串并计时。

a-2	p-5	v-6	j-7	s-14	l-23	d-4	z-18	u-8
n-17	b-10	x-16	e-19	k-26	m-24	w-3	c-21	t-25
i-11	o-15	f-13	y-9	r-1	q-22	h-20	g-12	

第一组：shop_____work_____hurt_____

第二组：deep_____shark_____third_____

第三组：socks_____pretty_____second_____

用时_____秒

（19）按表将单词转化成数字串并计时。

d-23	z-11	b-18	c-24	i-10	n-16	a-3	k-6	p-15
h-17	s-2	m-21	y-1	u-9	w-12	q-20	e-4	l-26
f-25	x-22	o-8	g-13	v-19	j-14	r-7	t-5	

第一组：math_____ last_____ jump_____

第二组：when_____ shoes_____ thing_____

第三组：cheap_____ become_____ center_____

用时_____秒

（20）按表将单词转化成数字串并计时。

b-16	w-18	k-13	d-8	o-4	u-22	e-12	v-3	g-25
h-21	s-15	z-7	p-24	j-10	m-1	q-2	i-26	c-14
a-5	f-11	t-23	l-9	y-6	n-17	r-20	x-19	

第一组：math_____ last_____ jump_____

第二组：when_____ shoes_____ thing_____

第三组：cheap_____ become_____ center_____

用时_____秒

（21）按表将单词转化成数字串并计时。

c-5	n-9	a-3	m-22	g-12	u-24	h-2	f-13	e-17
y-25	i-16	k-7	x-1	p-10	l-11	v-8	q-18	j-6
s-23	o-14	d-20	z-21	t-19	r-26	b-15	w-4	

第一组：pork_____ trip_____ dear_____

第二组：city_____ right_____ high_____

第三组：relax_____ design_____ pencil_____

用时_____秒

(22) 按表将单词转化成数字串并计时。

l-5	g-16	d-13	x-1	j-21	f-26	v-22	i-4	s-24
w-3	c-9	p-20	h-6	o-25	n-7	e-23	a-14	q-15
b-10	r-11	z-18	t-12	k-17	u-8	m-2	y-19	

第一组：pork_____ trip_____ dear_____

第二组：city_____ right_____ high_____

第三组：relax_____ design_____ pencil_____

用时_____秒

(23) 按表将单词转化成数字串并计时。

n-5	z-14	w-12	j-24	b-21	l-7	g-25	h-2	t-22
f-16	k-18	o-23	m-10	e-6	r-11	a-13	c-1	q-4
v-8	d-9	x-19	s-20	p-26	i-3	u-17	y-15	

第一组：week_____ rain_____ park_____

第二组：south_____ fight_____ phone_____

第三组：shine_____ flower_____ answer_____

用时_____秒

(24) 按表将单词转化成数字串并计时。

f-5	x-4	a-17	i-9	m-3	e-22	j-1	s-18	h-15
v-2	l-23	t-16	k-12	g-11	b-10	r-25	c-7	d-8
p-21	u-14	q-6	w-19	y-26	o-20	z-24	n-13	

第一组：week_____ rain_____ park_____

第二组：south_____ fight_____ phone_____

第三组：shine_____ flower_____ answer_____

用时_____秒

成语接龙

训练方法： 根据下列成语的排列顺序，在方格中依次指读出对应成语，形成接龙并计时。

网开一面—面红耳赤—赤子之心—心高气傲—傲然屹立

一	网	立	之
耳	红	开	子
面	屹	气	心
高	傲	赤	然

用时_____秒

赤	高	之	心
面	气	立	然
子	网	屹	开
一	红	耳	傲

用时_____秒

响彻云霄—霄壤之别—别具一格—格格不入—入井望天

别	之	井	彻
格	一	云	天
望	壤	格	霄
不	入	具	响

用时_____秒

彻	井	响	之
壤	不	具	格
云	入	天	别
格	霄	一	望

用时_____秒

闲云野鹤—鹤发鸡皮—皮里春秋—秋风过耳—耳提面命

云	风	面	秋
皮	鹤	过	闲
野	发	里	春
提	命	耳	鸡

用时_____秒

春	提	过	鹤
命	耳	野	里
秋	发	皮	云
闲	风	鸡	面

用时_____秒

多此一举—举世闻名—名副其实—实事求是—是非不分

不	世	求	实
其	多	闻	副
分	名	非	举
一	此	事	是

用时_____秒

是	世	事	举
多	求	不	名
闻	副	分	此
其	一	实	非

用时_____秒

天翻地覆—覆车之鉴—鉴影度形—形枉影曲—曲高和寡

地	曲	车	寡
翻	高	枉	形
覆	鉴	天	之
影	影	度	和

用时_____秒

度	和	枉	地
高	曲	天	车
影	影	寡	鉴
翻	覆	之	形

用时_____秒

谈笑自若—若明若暗—暗气暗恼—恼羞成怒—怒目而视

羞	而	恼	目
视	若	暗	气
自	成	笑	暗
谈	怒	若	明

用时_____秒

视	目	怒	谈
笑	气	羞	而
暗	明	暗	成
若	恼	若	自

用时_____秒

漫不经心—心荡神摇—摇笔即来—来者不拒—拒之门外

者	心	之	即
荡	来	经	摇
不	拒	不	笔
门	神	漫	外

用时_____秒

门	外	摇	拒
之	不	漫	即
者	神	不	笔
荡	来	经	心

用时_____秒

外柔内刚—刚正不阿—阿谀逢迎—迎难而上—上善若水

刚	善	不	上
谀	逢	若	水
阿	柔	而	外
迎	内	难	正

用时_____秒

正	谀	而	刚
逢	不	柔	内
外	水	阿	善
上	难	迎	若

用时_____秒

沽名钓誉—誉满天下—下不为例—例行公事—事半功倍—倍日并行

天	为	满	钓	功
例	行	沽	▲	公
倍	半	下	事	誉
行	日	不	名	并

用时_____秒

功	倍	事	名	钓
满	日	为	并	例
誉	行	天	不	公
下	行	半	▲	沽

用时_____秒

大材小用—用心良苦—苦不堪言—言犹在耳—耳闻目见—见弃于人

见	材	目	用	于
良	大	▲	小	弃
耳	人	在	犹	闻
心	不	堪	言	苦

用时_____秒

闻	耳	心	小	苦
言	用	材	堪	人
见	▲	不	犹	在
弃	大	于	目	良

用时_____秒

拔苗助长—长歌当哭—哭天抹泪—泪如雨下—下笔千言—言必有中

哭	千	天	笔	下
当	长	助	如	抹
拔	必	苗	▲	歌
中	言	雨	有	泪

用时_____秒

泪	▲	千	雨	拔
言	抹	助	下	当
苗	笔	有	中	必
天	哭	如	长	歌

用时_____秒

脚踏实地—地主之仪—仪态万方—方领矩步—步调一致—致远任重

一	领	万	调	▲
远	地	脚	重	致
仪	实	态	任	踏
之	方	矩	主	步

用时_____秒

矩	地	远	重	任
仪	主	踏	之	致
脚	一	步	领	实
态	万	▲	调	方

用时_____秒

致远任重—重裀列鼎—鼎鼎有名—名从主人—人生如梦—梦幻泡影

重	影	梦	列	任
人	幻	主	远	▲
裀	如	生	鼎	有
鼎	致	从	名	泡

用时_____秒

远	幻	重	生	名
致	人	列	从	鼎
梦	如	泡	主	任
鼎	影	裀	有	▲

用时_____秒

人人自危—危言竦论—论长说短—短裼不完—完美无缺—缺一不可

一	长	可	无	言
不	完	说	▲	短
裼	自	美	人	缺
竦	论	不	人	危

用时_____秒

人	竦	裼	无	短
缺	人	美	一	不
可	▲	不	论	言
说	自	长	危	完

用时_____秒

半途而废—废寝忘食—食不下咽—咽苦吐甘—甘之如饴—饴含抱孙

孙	甘	废	寝	途
而	食	抱	▲	咽
吐	饴	如	半	忘
之	含	下	苦	不

用时_____秒

之	▲	寝	孙	废
不	下	抱	含	食
吐	途	半	饴	苦
而	忘	如	咽	甘

用时_____秒

美不胜收—收回成命—命在旦夕—夕惕若厉—厉兵粟马—马到成功

成	若	夕	收	兵
马	粟	不	旦	▲
到	厉	命	功	成
胜	美	回	在	惕

用时_____秒

马	不	旦	成	兵
粟	到	成	功	惕
厉	收	若	美	回
胜	在	命	▲	夕

用时_____秒

星移斗转—转危为安—安家落户—户枢不朽—朽木难雕—雕虫小技—技高一筹

高	星	虫	小	危
枢	移	难	朽	▲
技	▲	家	斗	木
转	户	落	筹	▲
一	不	为	雕	安

用时_____秒

木	移	安	为	▲
家	高	星	枢	难
朽	小	▲	落	斗
户	转	筹	▲	一
雕	虫	技	不	危

用时_____秒

纷至沓来—来去分明—明察秋毫—毫不在意—意在言外—外强中干—干脆利落

中	利	在	沓	▲
察	来	分	强	脆
言	意	纷	在	外
▲	落	▲	毫	去
秋	干	不	至	明

用时_____秒

利	在	分	去	明
▲	强	来	外	至
在	毫	落	意	不
纷	▲	中	干	察
▲	秋	沓	言	脆

用时_____秒

水到渠成—成竹在胸—胸怀大志—志同道合—合情合理—理直气壮—壮志凌云

渠	胸	志	竹	同
▲	到	成	壮	直
▲	理	▲	合	云
合	志	情	大	怀
在	气	水	凌	道

用时_____秒

直	合	怀	渠	志
同	▲	道	情	胸
壮	凌	气	合	在
竹	▲	▲	志	云
水	成	到	理	大

用时_____秒

云雾缭绕—绕道而行—行云流水—水乳交融—融会贯通—通宵达旦—旦夕祸福

乳	旦	云	交	道
▲	行	云	水	▲
贯	会	宵	缭	祸
而	达	▲	融	雾
绕	通	夕	流	福

用时_____秒

水	行	云	夕	祸
▲	绕	云	乳	交
福	雾	流	融	▲
通	宵	贯	而	会
达	道	▲	缭	旦

用时_____秒

福无双至—至高无上—上下交困—困兽犹斗—斗志昂扬—扬眉吐气—气宇轩昂

昂	眉	气	斗	昂
轩	至	犹	交	兽
扬	困	▲	下	宇
上	双	吐	福	高
无	志	▲	▲	无

用时_____秒

▲	吐	上	昂	▲
困	福	交	无	下
至	气	兽	▲	斗
双	扬	昂	宇	眉
志	犹	轩	高	无

用时_____秒

昂首阔步—步履维艰—艰苦卓绝—绝处逢生—生龙活虎—虎头蛇尾—尾大不掉

头	活	大	▲	艰
龙	卓	履	掉	逢
苦	处	▲	昂	尾
步	▲	蛇	绝	维
不	阔	虎	首	生

用时_____秒

逢	头	苦	履	活
生	昂	绝	▲	处
维	步	尾	虎	蛇
卓	不	大	龙	掉
▲	艰	首	阔	▲

用时_____秒

游山玩水-水火不容-容光焕发-发号施令-令人发指-指鹿为马-马不停蹄-蹄间三寻-寻踪觅迹

鹿	不	水	指	为	容
停	迹	号	发	▲	马
光	焕	三	令	寻	火
人	踪	蹄	不	发	游
施	▲	间	玩	觅	山

用时_____秒

▲	马	游	间	停	指
寻	踪	令	光	觅	焕
水	发	发	▲	山	不
施	人	蹄	不	迹	容
号	鹿	为	玩	火	三

用时_____秒

掉以轻心-心旷神怡-怡然自得-得不偿失-失道寡助-助人为乐-乐此不疲-疲惫不堪-堪以告慰

堪	自	▲	慰	然	失
此	疲	掉	惫	偿	寡
得	神	道	助	▲	不
轻	以	怡	不	不	告
心	为	旷	人	乐	以

用时_____秒

乐	失	得	此	以	偿
不	不	堪	慰	惫	为
寡	不	然	神	自	告
以	心	▲	掉	轻	道
旷	怡	助	人	疲	▲

用时_____秒

水落石出-出神入化-化为乌有-有气无力-力不从心-心花怒放-放任自流-流离失所-所向披靡

靡	心	自	不	▲	向
无	怒	失	水	落	乌
任	石	所	离	出	从
入	▲	有	气	为	流
花	神	力	披	放	化

用时_____秒

不	神	力	花	有	怒
气	披	任	乌	落	从
放	▲	化	向	心	离
无	▲	靡	失	入	为
石	所	出	自	水	流

用时_____秒

老生常谈-谈笑风生-生龙活虎-虎口余生-生死存亡-亡羊补牢-牢不可破-破镜重圆-圆木警枕

常	木	口	生	不	枕
圆	生	可	虎	老	重
亡	余	羊	▲	牢	存
生	补	龙	谈	死	笑
风	镜	警	活	破	▲

用时_____秒

枕	圆	谈	余	牢	警
生	口	可	笑	木	镜
存	生	▲	常	▲	生
破	重	死	龙	风	不
活	亡	老	补	虎	羊

用时_____秒

八面威风-风云人物-物尽其用-用兵如神-神通广大-大声疾呼-呼之欲出-出人意料-料事如神

呼	神	如	事	▲	出
欲	用	▲	八	面	如
威	之	尽	风	人	人
云	疾	通	大	物	广
意	神	声	兵	料	其

用时_____秒

出	大	尽	▲	疾	人
人	面	▲	风	呼	声
如	兵	物	神	威	八
料	用	之	事	其	通
意	神	广	如	云	欲

用时_____秒

七手八脚-脚踏实地-地大物博-博学多才-才疏学浅-浅尝辄止-止戈兴仁-仁至义尽-尽心竭力

踏	七	物	心	实	辄
八	竭	尝	大	脚	学
戈	手	疏	尽	兴	义
▲	▲	力	浅	地	学
才	多	止	至	博	仁

用时_____秒

疏	八	止	辄	竭	博
仁	大	手	义	兴	实
尝	▲	力	地	脚	学
踏	学	尽	▲	多	才
心	至	物	戈	七	浅

用时_____秒

古诗词

训练方法：提前熟悉背诵古诗词内容，每首古诗词对应有 4 个方格，前两个方格（如图一、图二）要求被测者按顺序找到所有文字。后两个方格（如图三、图四）要求被测者找到缺漏的汉字并补齐在空白格中。整个过程计时，并与此前测试结果进行对比，时间越短越优。

春晓 （唐）孟浩然

春眠不觉晓，处处闻啼鸟。

夜来风雨声，花落知多少。

图一

闻	春	知	鸟	落
处	啼	花	夜	多
来	声	晓	少	觉
眠	处	雨	风	不

用时_____秒

图二

晓	闻	春	觉	鸟
夜	不	多	来	少
雨	处	风	落	声
知	处	花	眠	啼

用时_____秒

图三

闻	不	晓	少	声
鸟	处		处	多
觉	春	啼	花	落
来	夜	眠	雨	知

用时_____秒

图四

不	多	来	少	晓
处	风	落		夜
处	花	眠	啼	雨
春	觉	鸟	闻	知

用时_____秒

相思（唐）王维

红豆生南国，春来发几枝。愿君多采撷，此物最相思。

此	思	几	来	豆
春	红	国	南	撷
最	枝	采	生	君
物	相	多	发	愿

用时_____秒

最	豆	春	红	来
枝	几	国	撷	发
相	南	思	物	多
采	愿	此	生	君

用时_____秒

发	君	此	物	几
采	南		思	枝
生	多	愿	来	红
撷	最	春	豆	国

用时_____秒

发	几	多	来	思
最	国	撷	南	生
相		此	枝	物
君	红	豆	春	采

用时_____秒

夏日绝句（宋）李清照

生当作人杰，死亦为鬼雄。至今思项羽，不肯过江东。

肯	至	为	过	杰
当	项	生	鬼	作
今	江	思	羽	雄
东	亦	死	不	人

用时_____秒

作	死	肯	今	生
至	杰	江	东	雄
鬼	人	不	过	羽
项	当	思	为	亦

用时_____秒

今	羽	生	至	当
亦	为	肯	作	鬼
死		杰	不	雄
过	人	思	江	东

用时_____秒

鬼	东	至	杰	生
人	羽	亦		思
不	死	今	当	过
雄	项	肯	江	作

用时_____秒

池上（唐）白居易

小娃撑小艇，偷采白莲回。不解藏踪迹，浮萍一道开。

藏	小	采	踪	偷
开	娃	回	迹	解
白	莲	小	浮	艇
撑	不	道	一	萍

用时_____秒

莲	道	偷	藏	小
艇	迹	回	萍	开
一	撑	娃	踪	采
白	不	解	小	浮

用时_____秒

一	艇	萍	回	小
小	解	开	道	娃
藏	莲	迹	采	踪
不	撑		偷	白

用时_____秒

撑	开	迹	道	萍
藏	浮		莲	小
一	不	采	白	踪
艇	小	娃	解	偷

用时_____秒

静夜思（唐）李白

床前明月光，疑是地上霜。举头望明月，低头思故乡。

乡	头	是	故	头
低	地	霜	思	明
举	光	明	床	月
月	疑	望	上	前

用时_____秒

望	低	明	乡	头
上	头	疑	思	明
是	前	月	霜	床
月	举	故	地	光

用时_____秒

霜	故	思	明	月
	乡	头	疑	望
是	头	明	低	月
上	地	举	前	床

用时_____秒

地	上	望	月	乡
思	头	低	故	月
疑		床	前	举
光	是	霜	头	明

用时_____秒

枫桥夜泊（唐）张继

月落乌啼霜满天，江枫渔火对愁眠。

姑苏城外寒山寺，夜半钟声到客船。

霜	愁	枫	乌	火	寒
眠	江	夜	声	啼	客
对	天	满	钟	到	▲
寺	半	▲	船	落	外
苏	渔	山	姑	月	城

用时_____秒

▲	月	声	眠	外	火
天	到	江	霜	客	夜
寺	枫	船	姑	寒	▲
对	钟	城	满	愁	山
落	半	啼	乌	苏	渔

用时_____秒

姑	外	渔	船	愁	山
城	声	对	夜	客	苏
枫	眠	▲		满	霜
啼	▲	月	半	天	乌
火	寒	落	钟	江	寺

用时_____秒

到	月	天	山	▲	寒
姑		对	苏	满	夜
枫	声	江	愁	钟	船
霜	外	▲	城	寺	火
渔	啼	落	眠	半	乌

用时_____秒

登科后（唐）孟郊

昔日龌龊不足夸，今朝放荡思无涯。

春风得意马蹄疾，一日看尽长安花。

意	夸	昔	放	花	今
一	安	风	日	尽	得
涯	▲	疾	龊	▲	看
日	龌	无	足	荡	马
长	不	蹄	思	朝	春

用时_____秒

蹄	荡	疾	长	风	无
朝	足	意	放	看	▲
夸	日	不	尽	春	昔
花	思	安	一	日	得
龌	今	▲	龊	马	涯

用时_____秒

朝	不	涯	花	昔	夸
龌	疾	意	▲	长	春
▲	无		日	今	日
风	蹄	龊	尽	得	安
思	荡	一	马	足	放

用时_____秒

思	风	疾	得	蹄	花
日	日	▲	今	一	放
龊	▲	朝	尽	长	不
无	荡	看		夸	马
足	涯	安	春	意	昔

用时_____秒

春日（宋）朱熹

胜日寻芳泗水滨，无边光景一时新。

等闲识得东风面，万紫千红总是春。

春	等	滨	芳	千	泗
时	边	识	紫	景	▲
一	日	寻	得	新	无
红	是	▲	总	水	风
东	面	闲	光	万	胜

用时_____秒

总	等	光	闲	识	紫
日	▲	春	新	红	边
万	滨	景	风	水	胜
是	东	得	时	寻	▲
无	一	千	芳	面	泗

用时_____秒

胜	▲	日	闲	时	滨
春	红	得	东	面	识
紫	芳	千	▲	边	一
无	总		光	万	泗
寻	风	景	水	新	等

用时_____秒

水	滨	景	胜	泗	得
是	闲	芳	无		▲
时	识	春	千	红	寻
日	光	一	▲	紫	等
风	东	万	面	新	总

用时_____秒

望天门山（唐）李白

天门中断楚江开，碧水东流至此回。

两岸青山相对出，孤帆一片日边来。

江	开	▲	流	碧	回
▲	帆	中	至	门	东
天	来	水	一	孤	边
山	岸	楚	此	两	断
青	日	片	出	对	相

用时_____秒

出	▲	两	江	日	边
对	流	相	回	▲	片
碧	青	帆	孤	至	断
门	此	水	岸	一	楚
山	天	东	中	开	来

用时_____秒

楚	一	孤	山	青	对
至	来	东	回	断	▲
江		天	日	碧	出
此	开	岸	帆	水	片
中	两	▲	流	门	边

用时_____秒

东	片	碧	相	日	此
天	流		青	一	▲
来	帆	断	两	楚	门
边	至	岸	江	回	出
水	山	中	孤	对	▲

用时_____秒

别董大（唐）高适

千里黄云白日曛，北风吹雁雪纷纷。

莫愁前路无知己，天下谁人不识君？

日	莫	黄	己	云	前
吹	无	风	天	雪	▲
白	下	知	愁	识	纷
曛	人	谁	北	千	不
纷	雁	里	▲	君	路

用时_____秒

吹	里	曛	黄	愁	雪
无	下	路	识	纷	纷
莫	千	君	不	▲	前
人	天	谁	北	己	云
白	雁	日	知	风	▲

用时_____秒

雁	纷	黄	下	谁	
人	雪	识	君	己	云
日	风	路	北	吹	▲
无	知	愁	前	不	曛
千	里	天	白	纷	▲

用时_____秒

风	己	雁	君	曛	纷
北	吹	前	莫	下	天
里	▲	纷	路	不	雪
白	日		云	人	▲
识	黄	无	千	愁	谁

用时_____秒

竹石（清）郑燮

咬定青山不放松，立根原在破岩中。

千磨万击还坚劲，任尔东西南北风。

尔	咬	立	原	南	磨
岩	根	破	任	西	山
▲	千	北	▲	劲	东
松	放	中	在	不	青
坚	风	万	还	击	定

用时_____秒

放	原	在	破	南	千
击	根	北	东	定	万
中	青	风	立	不	松
山	坚	劲	▲	岩	磨
任	尔	咬	还	▲	西

用时_____秒

尔	在	磨	根	放	千
松	不	还	青	▲	南
岩	北	咬	击	风	中
▲		东	西	坚	立
山	破	原	定	任	万

用时_____秒

岩	放	不	▲	破	▲
劲	磨	山	原	坚	松
	任	千	北	风	南
立	中	击	还	东	根
尔	咬	西	青	在	万

用时_____秒

参考答案

划消

（1）5、4（2）6、6（3）6、6（4）6（5）7（6）8（7）3（8）4（9）4（10）17（11）20（12）19（13）19（14）15（15）20（16）16（17）12（18）21（19）14（20）19（21）21

反义词配对

（1）9（2）7（3）10（4）9（5）7（6）7（7）8（8）8（9）9（10）8（11）8（12）7（13）10（14）10（15）8（16）8（17）11（18）13（19）26（20）18（21）12（22）16

单词对对碰

（1）
第一组：18101125、24251315、141327
第二组：2162224、81810620、241315719
第三组：201522124、236252512、21610252

（2）
第一组：2011184、341410、7141713
第二组：172153、1220111621、31410135
第三组：211015261、19164426、17211417

（3）
第一组：521148、2581814、1521257
第二组：22211215、10252663、82131614
第三组：622514824、1621245223、12222221138

（4）
第一组：169154、104815、59106
第二组：269235、241013117、41251715
第三组：1111015420、1792016267、14126269254

（5）
第一组：1013317、82104、102035
第二组：134525、132314174、2011151416
第三组：12321013、17454810、23142011154

（6）
第一组：233420、11222318、235413
第二组：3181325、31062018、5152626
第三组：171022233、201813181123、106515218

（7）
第一组：1101622、12581、191522
第二组：17151210、324557、245131710
第三组：321191622、25105132117、281322819

（8）
第一组：25212014、1822425、257814
第二组：2381821、1013222217、1322122321
第三组：101242014、9212212123、2641214424

（9）
第一组：722919、24222619、3222518
第二组：24231420、15210923、20226151
第三组：252102419、27714919、31424151917

（10）
第一组：1423215、3232215、2423719
第二组：316106、25115216、623212513
第三组：7115315、11141410215、24103251512

（11）
第一组：521919、1522214、5112016
第二组：25222110、192221420、101421120
第三组：32011320、24214162220、2112153319

（12）
第一组：11388、141232、11261816
第二组：22121517、8123218、17232618
第三组：2318262318、2032161218、1541423238

（13）
第一组：7171712、12211920、20232217
第二组：251817415、152021106、823181813
第三组：914102420、49841319、1581791617

（14）
第一组：523239、9122022、22241023
第二组：18192326、62212147、212419193
第三组：1711141322、217212320、62123171523

（15）
第一组：258219、518214、98617
第二组：1518823、65181015、108161210
第三组：1686815、25202381112、63741814

（16）
第一组：241163、6171619、2011126
第二组：417123、1161794、912189
第三组：2111114、24523178、11218121719

（17）
第一组：62153、155917、2123926
第二组：4223、62114917、26212494
第三组：657176、39226261、6275194

（18）
第一组：1420155、315126、208125
第二组：419195、14202126、25201114
第三组：1415212614、511925259、14192115174

（19）
第一组：213517、26325、1492115
第二组：1217416、217842、517101613
第三组：24174315、184248214、24416547

（20）
第一组：152321、951523、1022124
第二组：18211217、152141215、2321261725
第三组：142112524、1612144112、141217231220

（21）
第一组：1014267、19261610、2017326
第二组：5161925、261612219、216122
第三组：26171131、20172316129、1017951611

（22）
第一组：20251117、1211420、13231411
第二组：941219、11416612、64166
第三组：11235141、1323244167、20237945

（23）
第一组：126618、111335、26131118
第二组：202317222、16325222、2622356
第三组：202356、1672312611、1352012611

（24）
第一组：19222212、2517913、21172512
第二组：1820141615、59111516、2115201322
第三组：181591322、52320192225、171318192225